煤矿"一规程四细则"
考 核 题 库

本书编写组　编

应 急 管 理 出 版 社

· 北　京 ·

图书在版编目（CIP）数据

煤矿"一规程四细则"考核题库/本书编写组编．--北京：应急管理出版社，2023

ISBN 978-7-5020-9852-0

Ⅰ．①煤…　Ⅱ．①本…　Ⅲ．①煤矿—安全生产—资格考试—习题集　Ⅳ．①TD7-44

中国国家版本馆 CIP 数据核字（2023）第 176073 号

煤矿"一规程四细则"考核题库

编　　者	本书编写组	
责任编辑	赵金园	
编　　辑	贾　音	
责任校对	孔青青	
封面设计	安德馨	

出版发行　应急管理出版社（北京市朝阳区芍药居 35 号　100029）
电　　话　010-84657898（总编室）　010-84657880（读者服务部）
网　　址　www.ccip h. com.cn
印　　刷　海森印刷（天津）有限公司
经　　销　全国新华书店

开　　本　710mm×1000mm¹/₁₆　印张　13³/₄　字数　256 千字
版　　次　2023 年 10 月第 1 版　2023 年 10 月第 1 次印刷
社内编号　20230720　　　　　　定价　49.00 元

目　　录

第一部分
《煤矿安全规程》考核题库

一、单选题

1. 中华人民共和国（ ）内从事煤炭生产和煤矿建设活动，必须遵守《煤矿安全规程》。
   　A. 领土　　　　　　　　B. 领海　　　　　　　　C. 领域

2. 煤炭生产实行（ ）制度。
   　A. 安全生产许可证　　　B. 煤炭生产许可证　　　C. 煤炭开采许可证

3. 煤矿企业必须设置（ ）负责煤矿安全生产与职业病危害防治管理工作。
   　A. 安全总监　　　　　　B. 兼职人员　　　　　　C. 专门机构

4. 煤矿安全生产与职业病危害防治工作必须实行（ ）。
   　A. 群众监督　　　　　　B. 群众监管　　　　　　C. 群众举报

5. 煤矿企业必须对从业人员进行安全教育和培训。培训不合格的，不得（ ）。
   　A. 参加考试　　　　　　B. 上岗作业　　　　　　C. 发放工资

6. 煤矿使用的纳入安全标志管理的产品，必须取得煤矿（ ）。
   　A. 矿用产品安全生产许可　B. 矿用产品生产标志　C. 矿用产品安全标志

7. 煤矿企业在编制生产建设长远发展规划和年度生产建设计划时，必须编制安全技术与职业病危害防治发展规划和（ ）。
   　A. 安全工作计划　　　　B. 安全装备采购计划　　C. 安全技术措施计划

8. 灾害预防和处理计划由（ ）负责组织实施。
   　A. 矿长　　　　　　　　B. 总工程师　　　　　　C. 安全矿长

9. 煤矿每年至少组织（ ）次应急演练。
   　A. 1　　　　　　　　　B. 3　　　　　　　　　C. 3

10. 煤矿发生事故后，（ ）负责抢救指挥。
   　A. 带班矿长　　　　　　B. 矿长　　　　　　　　C. 安全矿长

11. 当煤矿（ ）不能满足设计需要时，不得进行煤矿设计。
   　A. 地质资料　　　　　　B. 水文资料　　　　　　C. 瓦斯资料

12. 煤矿必须结合实际情况开展（ ）普查或探测工作。
   　A. 地质因素　　　　　　B. 瓦斯地质因素　　　　C. 隐蔽致灾地质因素

13. 生产矿井每（ ）年应修编矿井地质报告。
   　A. 1　　　　　　　　　B. 3　　　　　　　　　C. 5

14. 单项工程、单位工程开工前，必须编制（ ）设计，并组织相关人员学习。

A. 规划　　　　　　　　B. 计划　　　　　　　　C. 施工组织

15. 矿井同时生产的水平不得超过（　　）个。

A. 3　　　　　　　　　B. 3　　　　　　　　　C. 4

16. 每个生产矿井必须至少有 2 个能行人的通达地面的安全出口，各个出口之间的距离不得小于（　　）。

A. 10 m　　　　　　　B. 30 m　　　　　　　C. 30 m

17. 采煤工作面（　　）必须编制作业规程。

A. 回采前　　　　　　B. 回采中　　　　　　C. 回采后

18. 采用分层垮落法回采时，下一分层的（　　）工作面必须在上一分层顶板垮落的稳定区域内进行回采。

A. 采煤　　　　　　　B. 掘进　　　　　　　C. 采掘

19. 水采时，对使用中的水枪，每（　　）个月应至少进行一次耐压试验。

A. 3　　　　　　　　　B. 4　　　　　　　　　C. 5

20. 采用综合机械化采煤时，倾角大于（　　）时，液压支架必须采取防倒、防滑措施。

A. 10°　　　　　　　　B. 15°　　　　　　　　C. 20°

21. 采用放顶煤开采时，高瓦斯、突出矿井容易自燃的煤层，应当采取以预抽方式为主的综合抽采瓦斯措施和综合防灭火措施，保证本煤层瓦斯含量不大于（　　）。

A. 3 m³/t　　　　　　B. 6 m³/t　　　　　　C. 8 m³/t

22. 建（构）筑物下、水体下、铁路下及主要（　　）开采，必须设立观测站。

A. 井巷煤柱　　　　　B. 阶段煤柱　　　　　C. 区间煤柱

23. 矿井必须制定井巷维修制度，加强井巷维修，保证（　　）、运输畅通和行人安全。

A. 通风　　　　　　　B. 运料　　　　　　　C. 排水

24. 建设单位必须落实安全生产管理（　　）。

A. 主要责任　　　　　B. 主体责任　　　　　C. 组织责任

25. 报废的暗井和倾斜巷道下口的密闭墙必须留（　　）。

A. 泄水孔　　　　　　B. 观测孔　　　　　　C. 气压孔

26. 报废的斜井（平硐）应填实，或在井口以下斜长（　　）处砌筑 1 座砖、石墙或混凝土墙，再用泥土填至井口并加砌封墙。

A. 10 m　　　　　　　B. 15 m　　　　　　　C. 20 m

27. 有下列情况之一的，应当进行煤岩冲击倾向性鉴定：埋深超过（　　）的煤层且煤层上方 100 m 范围内存在单层厚度超过 10 m 的坚硬岩层。

    A. 400 m   B. 500 m   C. 600 m

28. 冲击地压矿井提高生产能力和新水平延深时，必须进行（ ）。

    A. 论证   B. 审批   C. 备案

29. 有冲击地压危险的（ ）工作面必须设置压风自救系统。

    A. 采煤   B. 掘进   C. 采掘

30. 进风井口以下的空气温度（干球温度）必须在（ ）以上。

    A. 0 ℃   B. 1 ℃   C. 2 ℃

31. 煤矿企业应根据具体条件制定风量计算方法，至少每（ ）年修订 1 次。

    A. 5   B. 6   C. 7

32. 生产矿井现有箕斗提升井兼作回风井时，井上下装、卸载装置和井塔（架）必须有完善的封闭措施，其漏风率不得超过（ ）。

    A. 15%   B. 30%   C. 25%

33. 新井投产前必须进行 1 次矿井通风阻力测定，以后每（ ）年至少测定 1 次。

    A. 3   B. 4   C. 5

34. 矿井必须采用机械通风，必须安装 2 套同等能力的主要通风机装置，其中 1 套作为备用，备用通风机必须能在（ ）内开动。

    A. 10 min   B. 15 min   C. 20 min

35. 新安装的主要通风机投入使用前必须进行试运转和通风机性能测定，以后每（ ）年至少进行 1 次性能测定。

    A. 5   B. 6   C. 7

36. 生产矿井主要通风机必须装有反风设施，并能在（ ）内改变巷道中风流的方向。

    A. 10 min   B. 15 min   C. 20 min

37. 主要通风机停止运转时，必须立即停止工作、切断电源，工作人员先撤到进风巷道中，由（ ）组织全矿井工作人员全部撤出。

    A. 矿长   B. 总工程师   C. 值班矿领导

38. 生产水平和采（盘）区必须实行分区通风。准备采区，必须在采区构成通风系统后方可开掘其他巷道；采用倾斜长壁布置的，大巷必须至少超前（ ）个区段，并构成通风系统后，方可开掘其他巷道。

    A. 1   B. 3   C. 3

39. 压入式局部通风机和启动装置必须安装在进风巷道中，距掘进巷道回风口不得小于（　　　）。

 A. 4 m   B. 6 m   C. 10 m

40. 使用局部通风机通风的掘进工作面不得停风；因检修、停电、故障等原因停风时，必须将人员全部撤至（　　　），切断电源，设置栅栏、警示标志，禁止人员入内。

 A. 地面   B. 入风井筒   C. 全风压进风流处

41. 进、回风井之间和主要进、回风巷之间的每条联络巷中，必须砌筑永久性风墙；需要使用的联络巷，必须安设 2 道联锁的正向风门和（　　　）道反向风门。

 A. 1   B. 3   C. 3

42. 采区开采结束后（　　　）天内，必须在所有与已采区相连通的巷道中设置防火墙，全部封闭采区。

 A. 45   B. 50   C. 55

43. 容易自燃、自燃的突出煤层采煤工作面确需设置调节设施的，报企业（　　　）审批。

 A. 董事长   B. 总经理   C. 技术负责人

44. 必须保证爆炸物品库每小时能有其总容积（　　　）倍的风量。

 A. 1   B. 3   C. 4

45. 井下机电设备硐室必须设在进风风流中，硐室采用扩散通风的，其深度不得超过（　　　），入口宽度不得小于 1.5 m，并且无瓦斯涌出。

 A. 6 m   B. 7 m   C. 8 m

46. 一个矿井只要有（　　　）个煤（岩）层发现瓦斯，该矿井即为瓦斯矿井。

 A. 1   B. 3   C. 3

47. 每（　　　）年必须对低瓦斯矿井进行瓦斯等级和二氧化碳涌出量的鉴定工作。

 A. 1   B. 3   C. 3

48. 矿井总回风巷或一翼回风巷中甲烷或二氧化碳浓度超过（　　　）时，必须立即查明原因，进行处理。

 A. 0.5%   B. 0.75%   C. 1%

49. 采区回风巷、采掘工作面回风巷风流中甲烷浓度超过（　　　）或二氧化碳浓度超过 1.5% 时，必须停止工作，撤出人员，采取措施，进行处理。

 A. 0.5%   B. 0.75%   C. 1%

50. 任一采煤工作面的瓦斯涌出量大于（　　　）或任一掘进工作面瓦斯涌出量大

于 3 m^3/min，用通风方法解决瓦斯不合理的矿井，必须建立地面永久抽采瓦斯系统或井下临时抽采瓦斯系统。

A. 5 m^3/min B. 7.5 m^3/min C. 10 m^3/min

51. 煤尘的爆炸性鉴定结果必须报（   ）和矿山安全监察机构备案。

A. 市级地方煤炭行业管理部门

B. 省级煤炭行业管理部门

C. 企业上级管理部门

52. 开采有煤尘爆炸危险煤层的矿井的两翼、相邻的采区、相邻的煤层、相邻的采煤工作面间，必须用（   ）隔开。

A. 净化水幕   B. 水棚或岩粉棚   C. 转载喷雾

53. 高瓦斯矿井、突出矿井和（   ），煤巷和半煤岩巷掘进工作面应安设隔爆设施。

A. 有煤尘爆炸危险的矿井   B. 容易自燃煤层矿井   C. 低瓦斯矿井

54. 新建突出矿井设计生产能力不得低于（   ）。

A. 1 Mt/a   B. 1.5 Mt/a   C. 0.9 Mt/a

55. 开采保护层时，（   ）抽采被保护层的瓦斯。

A. 提前   B. 同时   C. 不能

56. 井巷揭穿突出煤层时的安全防护措施主要包括避难硐室、反向风门、压风自救装置、（   ）、远距离爆破等。

A. 毛巾   B. 隔离式自救器   C. 过滤式自救器

57. 煤矿必须制定（   ）防火措施。

A. 井上、下   B. 地面   C. 井下

58. 木料场距离矸石山不得小于（   ）。

A. 50 m   B. 100 m   C. 200 m

59. 地面的消防水池必须经常保持不少于（   ）的水量。

A. 100 m^3 B. 300 m^3 C. 300 m^3

60. 进风井口应装设（   ），防火铁门必须严密并易于关闭。

A. 风门   B. 风量门   C. 防火铁门

61. 井下和（   ）内不得进行电焊、气焊和喷灯焊接等作业。

A. 井口房   B. 通风机房   C. 空压机房

62. 每（   ）应对井上及井下消防管路系统、防火门、消防材料库和消防器材的设置情况进行 1 次检查。

A. 季度   B. 月   C. 年

63. 生产矿井延深新水平时，必须对（　　）的自燃倾向性进行鉴定。

    A. 首采区煤层   B. 最厚煤层   C. 所有煤层

64. 当井下发现自然发火征兆时，必须（　　），立即采取有效措施处理。

    A. 停止作业   B. 先灭火   C. 汇报

65. 采用氮气防灭火时，注入的氮气浓度不小于（　　）。

    A. 90%   B. 95%   C. 97%

66. 开采容易自燃和自燃的煤层时，在采（盘）区开采设计中，必须预先选定构筑（　　）的位置。

    A. 防火门   B. 风门   C. 密闭

67. 启封已熄灭的火区前，必须制定（　　）。

    A. 设计   B. 规程   C. 安全措施

68. 煤矿（　　）工作应坚持"预测预报、有疑必探、先探后掘、先治后采"基本原则，采取"防、堵、疏、排、截"综合防治措施。

    A. 防治瓦斯   B. 防治水   C. 监测监控

69. 水文地质条件复杂、极复杂的煤矿，应设立专门的（　　）。

    A. 防治水机构   B. 防治水矿长   C. 防治水设计部门

70. 矿井水文地质类型应每（　　）年修订1次。

    A. 1   B. 3   C. 3

71. 采掘工作面出现（　　）时，应当立即停止作业，撤出受水患威胁地点的所有人员。

    A. 透水征兆   B. 断层   C. 煤层变薄

72. 矿井井口和工业广场的地面标高必须高于当地历年（　　）洪水位。

    A. 最低   B. 最高   C. 平均

73. 相邻矿井的分界处应留（　　）。

    A. 专人看守   B. 防隔水煤（岩）柱   C. 连接通道

74. 防水闸墙的设计经（　　）批准后方可施工。

    A. 矿井水文地质技术人员

    B. 具有相应资质的单位

    C. 煤矿企业技术负责人

75. 矿井工作水泵的能力，应能在（　　）内排出矿井24 h的正常涌水量（包括充填水及其他用水）。

    A. 20 h   B. 10 h   C. 15 h

76. 矿井备用水泵的能力，应不小于工作水泵能力的（　　）。

A. 100%　　　　　　　B. 80%　　　　　　　C. 70%

77. 矿井工作和备用水泵的总能力，应能在 20 h 内排出矿井 24 h 的（　　　）。

　　A. 最大涌水量　　　　　B. 最小涌水量　　　　　C. 正常涌水量

78. 新建、改扩建矿井或者生产矿井的新水平，正常涌水量在 1000 m³/h 以下时，主要水仓的有效容量应能容纳（　　　）的正常涌水量。

　　A. 8 h　　　　　　　　B. 12 h　　　　　　　　C. 24 h

79. 水仓的空仓容量应经常保持在总容量的（　　　）以上。

　　A. 30%　　　　　　　B. 50%　　　　　　　C. 70%

80. 采掘工作面超前探放水应采用（　　　）方法。

　　A. 钻探　　　　　　　B. 物探　　　　　　　C. 化探

81. 探放老空水时，应撤出（　　　）。

　　A. 探放水点标高以下受水害威胁区域所有人员

　　B. 井下所有人员

　　C. 采掘作业人员

82. 建有爆炸物品制造厂的矿区总库，所有库房贮存各种炸药的总容量不得超过该厂（　　　）个月生产量，雷管的总容量不得超过 3 个月生产量。

　　A. 1　　　　　　　　B. 3　　　　　　　　C. 3

83. 各种爆炸物品的（　　　）都应专库贮存。

　　A. 空箱　　　　　　　B. 每一品种　　　　　　C. 登记本

84. 直接发放炸药、雷管的地面爆炸物品库必须有专用（　　　）。

　　A. 休息室　　　　　　B. 发放间　　　　　　C. 保卫室

85. 井下爆炸物品库房距井筒、井底车场、主要运输巷道、主要硐室以及影响全矿井或一翼通风的风门的法向距离：硐室式不得小于（　　　），壁槽式不得小于 60 m。

　　A. 80 m　　　　　　　B. 100 m　　　　　　C. 120 m

86. 井下爆炸物品库的最大贮存量不得超过矿井（　　　）天的炸药需要量和 10天的电雷管需要量。

　　A. 1　　　　　　　　B. 3　　　　　　　　C. 3

87. 煤矿企业必须建立爆炸物品（　　　）和爆炸物品丢失处理办法。

　　A. 领退制度　　　　　B. 管理办法　　　　　C. 销毁方案

88. 在井筒内运送爆炸物品时，（　　　）和炸药必须分开运送。

　　A. 发爆器　　　　　　B. 母线　　　　　　C. 电雷管

89. 电雷管必须由（　　　）亲自运送，炸药应由爆破工或在爆破工监护下运送。

  A. 爆破工   B. 班组长   C. 小队长

90. 井下爆破工作必须由（ ）担任。

  A. 班组长   B. 瓦斯检查工   C. 专职爆破工

91. 爆破作业必须编制（ ）。

  A. 爆破作业说明书   B. 作业规程   C. 操作规程

92. 爆破前，（ ）必须亲自布置专人将工作面所有人员撤离警戒区域，并在警戒线和可能进入爆破地点的所有通路上布置专人担任警戒工作。

  A. 班组长   B. 爆破工   C. 瓦斯检查工

93. 严禁在 1 个采煤工作面使用（ ）台发爆器同时进行爆破。

  A. 2   B. 3   C. 4

94. 在大于（ ）的倾斜井巷中使用带式输送机，应设置防护网，并采取防止物料下滑、滚落等安全措施。

  A. 16°   B. 18°   C. 20°

95. 采用钢丝绳牵引带式输送机运送人员时，乘坐人员的间距不得小于（ ）。

  A. 2 m   B. 3 m   C. 4 m

96. 井下巷道轨道运输中，两机车或两列车在同一轨道同一方向行驶时，必须保持不少于（ ）的距离。

  A. 50 m   B. 100 m   C. 150 m

97. 井下采用机车运输时，列车的制动距离应每年至少测定一次，运送人员时不得超过（ ）。

  A. 10 m   B. 30 m   C. 30 m

98. 运行 7 t 及以上机车的矿井、采区主要巷道轨道线路，应使用不小于（ ）的钢轨。

  A. 22 kg/m   B. 30 kg/m   C. 43 kg/m

99. 长度超过（ ）的主要运输平巷应采用机械方式运送人员。

  A. 1.0 km   B. 1.5 km   C. 2.0 km

100. 倾斜井巷使用串车提升时，在上部平车场变坡点下方（ ）的地点，设置能防止未连挂的车辆继续往下跑车的挡车栏。

  A. 15 m   B. 30 m   C. 略大于一列车长度

101. 井下运输时，当轨道坡度大于（ ）时，严禁人力推车。

  A. 3%   B. 5%   C. 7%

102. 无轨胶轮车运人时的运行速度不超过（ ）。

  A. 25 km/h   B. 30 km/h   C. 35 km/h

103. 升降人员或升降人员和物料的（　　）提升罐笼必须装设可靠的防坠器。

    A. 多绳　　　　　　　　B. 单绳　　　　　　　　C. 摩擦轮

104. 专为升降人员和物料的罐笼，进出口必须装设罐门或罐帘，罐门高度不得小于（　　）。

    A. 0.8 m　　　　　　　B. 1.0 m　　　　　　　C. 1.2 m

105. 立井升降（　　）时，严禁使用罐座。

    A. 人员　　　　　　　　B. 设备　　　　　　　　C. 材料

106. 升降人员用的缠绕式提升钢丝绳，自悬挂使用后每（　　）个月进行 1 次性能检验。

    A. 3　　　　　　　　　B. 5　　　　　　　　　C. 6

107. 提升钢丝绳应（　　）检查 1 次。

    A. 每班　　　　　　　　B. 每天　　　　　　　　C. 每周

108. 钢丝绳牵引带式输送机使用有接头的钢丝绳时，其插接长度不得小于钢丝绳直径的（　　）倍。

    A. 100　　　　　　　　B. 500　　　　　　　　C. 1000

109. 对使用中的斜井人车防坠器，应（　　）进行一次手动落闸试验。

    A. 每班　　　　　　　　B. 每天　　　　　　　　C. 每周

110. 立井中升降人员或升降人员和物料的提升装置，卷筒上缠绕的钢丝绳层数不准超过（　　）层。

    A. 1　　　　　　　　　B. 3　　　　　　　　　C. 3

111. 提升机应设置机械制动和（　　）装置。

    A. 电气制动　　　　　　B. 能耗制动　　　　　　C. 发电制动

112. 提升机的盘式制动闸的闸瓦与制动盘之间的间隙应不大于（　　）。

    A. 1 mm　　　　　　　B. 3 mm　　　　　　　C. 2.5 mm

113. 矿井应有两回路电源线路，当任一回路发生故障停止供电时，另一回路应担负矿井（　　）用电负荷。

    A. 部分　　　　　　　　B. 全部　　　　　　　　C. 保安

114. 严禁井下配电变压器中性点（　　）接地。

    A. 直接　　　　　　　　B. 间接　　　　　　　　C. 经电阻

115. 检修或搬迁电气设备前，必须切断（　　），检查瓦斯浓度，在巷道风流中瓦斯浓度低于 1.0% 时，再用与电源电压相适应的验电笔检验；检验无电后，方可进行导体对地放电。

    A. 本级电源　　　　　　B. 上级电源　　　　　　C. 下级电源

116. 容易碰到的、裸露的（　　）及机械外露的转动和传动部分必须加装护罩或遮拦等防护设施。

　　A. 导体　　　　　　　　B. 绝缘体　　　　　　　C. 带电体

117. 井下由采区变电所、移动变电站或配电点引出的馈电线上，必须具有短路、过负荷和（　　）保护。

　　A. 过流　　　　　　　　B. 漏电　　　　　　　　C. 接地

118. （　　）必须对低压漏电保护进行 1 次跳闸试验。

　　A. 每班　　　　　　　　B. 每天　　　　　　　　C. 经常

119. 井下机电设备硐室必须装设（　　）开的防火铁门。

　　A. 向内　　　　　　　　B. 向外　　　　　　　　C. 内外均可

120. 高、低压电力电缆敷设在巷道同一侧时，高、低压电缆之间的距离应大于（　　）。

　　A. 0.3 m　　　　　　　B. 0.1 m　　　　　　　C. 0.2 m

121. （　　）矿井必须装备安全监控系统、人员位置监测系统、有线调度通信系统。

　　A. 高瓦斯　　　　　　　B. 所有　　　　　　　　C. 突出

122. 安全监控系统的录音应保存（　　）个月以上。

　　A. 2　　　　　　　　　B. 4　　　　　　　　　C. 3

123. 检修与安全监控设备关联的电气设备，需要监控设备停止运行时，必须制定安全措施，并报（　　）审批。

　　A. 通风副总　　　　　　B. 矿总工程师　　　　　C. 矿长

124. 安全监控系统发出报警、断电、馈电异常等信息时，应采取措施，及时处理，并立即向（　　）汇报。

　　A. 总工程师　　　　　　B. 值班矿领导　　　　　C. 生产矿长

125. 下井所有人员必须携带（　　）。

　　A. 移动通信终端

　　B. 便携式甲烷检测报警仪

　　C. 人员位置监测系统标识卡

126. 调度电话至调度交换机的无中继器通信距离应不小于（　　）。

　　A. 5 km　　　　　　　B. 10 km　　　　　　　C. 7 km

127. （　　）应具备选呼、组呼、全呼等调度功能及通信记录存储功能。

　　A. 图像监视系统　　　　B. 安全监控系统　　　　C. 井下移动通信系统

128. 安装图像监视系统的矿井，应在（　　）设置集中显示装置，并具有存储和查询功能。

    A. 安全监控中心站   B. 矿调度室   C. 皮带集控室

129. 煤矿企业必须建立健全职业卫生档案,定期报告(　　)。

    A. 职业病危害因素   B. 职业病体检情况   C. 职业病防护情况

130. 煤矿企业(　　)应进行 1 次作业场所职业病危害因素检测。

    A. 每年   B. 每月   C. 每季度

131. 煤矿企业(　　)年进行 1 次职业病危害现状评价。

    A. 1   B. 3   C. 3

132. 作业人员必须正确使用防尘或防毒等个体防护(　　)。

    A. 工具   B. 用品   C. 装备

133. (　　)应为接触职业病危害因素的从业人员提供符合要求的个体防护用品,并指导和督促其正确使用。

    A. 煤矿企业   B. 地方政府   C. 国家

134. 采煤机必须安装(　　)喷雾装置。

    A. 液压   B. 内、外   C. 自动

135. 当采掘工作面空气温度超过(　　)时,必须缩短超温地点工作人员的工作时间,并给予高温保健待遇。

    A. 26 ℃   B. 30 ℃   C. 34 ℃

136. 接触粉尘以煤尘为主的在岗人员,(　　)进行 1 次职业健康检查。

    A. 每年   B. 每 2 年   C. 每 3 年

137. (　　)煤矿必须有矿山救护队为其服务。

    A. 所有   B. 部分   C. 个别

138. 矿山救护队到达服务煤矿的时间应不超过(　　)。

    A. 10 min   B. 30 min   C. 30 min

139. 掘进和(　　)前,应编制地质说明书。

    A. 准备   B. 掘进   C. 回采

140. 矿井建设期间井筒到底后,应先短路贯通,形成至少(　　)个通达地面的安全出口。

    A. 1   B. 3   C. 3

141. 开凿平硐、斜井和立井时,井口与坚硬岩层之间的井巷必须砌碹或者用(　　)砌(浇)筑。

    A. 水泥   B. 黄土   C. 混凝土

142. 立井梯子间中的梯子角度不得大于(　　)。

A. 60° B. 70° C. 80°

143. 采用轨道机车运输的巷道净高，自轨面起不得低于（　　）。

A. 1.6 m B. 1.8 m C. 2.0 m

144. 在双向运输巷中，两车最突出部分之间的距离，采用轨道运输的巷道：对开时不得小于（　　），采区装载点不得小于 0.7 m，矿车摘挂钩地点不得小于 1 m。

A. 0.1 m B. 0.2 m C. 0.3 m

145. 采煤工作面所有安全出口与巷道连接处超前压力影响范围内必须加强支护，且加强支护的巷道长度不得小于（　　）。

A. 20 m B. 30 m C. 40 m

146. 使用滚筒式采煤机采煤时，工作面倾角在（　　）以上时，必须有可靠的防滑装置。

A. 10° B. 15° C. 20°

147. 在独头巷道维修支架时，必须保证（　　）安全并由外向里逐架进行，严禁人员进入维修地点以内。

A. 通风 B. 设备 C. 运输

148. 掘进中的岩巷最低允许风速为（　　）。

A. 0.15 m/s B. 0.25 m/s C. 1.00 m/s

149. 矿井必须建立测风制度，每（　　）天至少进行 1 次全面测风。

A. 10 B. 15 C. 20

150. 装有通风机的井口必须封闭严密，其外部漏风率在无提升设备时不得超过（　　）。

A. 5% B. 7% C. 10%

151. 装有主要通风机的出风井口应安装防爆门，防爆门每（　　）个月检查维修 1 次。

A. 3 B. 6 C. 12

152. 开采有瓦斯喷出、有突出危险的煤层或在距离突出煤层垂距小于（　　）的区域掘进施工时，严禁任何 2 个工作面之间串联通风。

A. 20 m B. 15 m C. 10 m

153. 采掘工作面风流中二氧化碳浓度达到（　　）时，必须停止工作，撤出人员，查明原因，制定措施，进行处理。

A. 1.5% B. 0.75% C. 1%

154. 停风区中甲烷浓度或二氧化碳浓度超过（　　）时，必须制定安全排放瓦斯措施，报矿总工程师批准。

 A. 3%   B. 3%   C. 1.5%

155. 高瓦斯矿井采掘工作面的瓦斯浓度检查次数每班至少（ ）次。

 A. 1   B. 3   C. 3

156. 抽出的瓦斯排入回风巷时，在排瓦斯管路出口必须设置栅栏、悬挂警戒牌等。栅栏设置的位置是上风侧距管路出口（ ）、下风侧距管路出口30 m，两栅栏间禁止任何作业。

 A. 15 m   B. 10 m   C. 5 m

157. 远距离爆破时，回风系统必须停电撤人。爆破后，进入工作面检查的时间应在措施中应明确规定，但不得小于（ ）。

 A. 10 min   B. 30 min   C. 30 min

158. 煤矿必须制定（ ）防火措施。

 A. 井上、下   B. 地面   C. 井下

159. 煤矿企业必须绘制（ ）关系图，注明所有火区和曾经发火的地点。

 A. 火区位置   B. 采掘工程   C. 充水性

160. 在采掘工程平面图上（ ）标绘出井巷出水点的位置及其涌水量、积水的井巷及采空区的积水范围。

 A. 不宜   B. 可以   C. 必须

161. 严禁开采地表水体、强含水层、采空区水淹区域下且水患威胁未消除的（ ）。

 A. 急倾斜煤层   B. 水平煤层   C. 薄煤层

162. 不得使用过期或变质的爆炸物品。不能使用的（ ）必须交回爆炸物品库。

 A. 发爆器   B. 爆炸物品   C. 母线

163. 爆破工必须把炸药、电雷管分开存放在专用的（ ）内并加锁，严禁乱扔、乱放。

 A. 背包   B. 爆炸物品箱   C. 口袋

164. 装配起爆药卷必须防止（ ）受震动、冲击，折断电雷管脚线和损坏脚线绝缘层。

 A. 电雷管   B. 炸药   C. 发爆器

165. 处理拒爆、残爆时，必须在（ ）指导下进行，并在当班处理完毕。

 A. 爆破工   B. 瓦斯检查工   C. 班组长

166. 井巷中采用钢丝绳牵引带式输送机运送人员时，运行速度不得超

过（ ）。

A. 1.5 m/s   B. 1.8 m/s   C. 2.0 m/s

167. 采用无轨胶轮车运输时，同向行驶车辆应保持不小于（ ）的安全运行距离。

A. 50 m   B. 100 m   C. 150 m

168. 人员上下井时，必须遵守乘罐制度，听从把钩工指挥。开车信号发出后（ ）进出罐笼。

A. 允许   B. 严禁   C. 不宜

169. 提升钢丝绳应（ ）检查1次。

A. 每班   B. 每天   C. 每周

170. 升降人员或升降人员和物料用的钢丝绳在1个捻距内，断丝断面积与钢丝总断面积之比达到（ ）时，必须报废。

A. 5%   B. 10%   C. 15%

171. 提升机过卷保护的作用是，当提升容器超过正常终端停止位置（或出车平台）（ ）时，必须能自动断电，且使制动器实施安全制动。

A. 0.1 m   B. 0.2 m   C. 0.5 m

172. 每班升降人员前，应先空载运行（ ）次，检查提升机动作情况，但连续运转时，不受此限。

A. 1   B. 3   C. 3

173. 矿井必须备有井上、下配电系统图、井下电气设备布置示意图和供电线路平面敷设示意图，并随着（ ）定期填绘。

A. 风量变化   B. 情况变化   C. 产量变化

174. 发出的矿灯，最低应能连续正常使用（ ）。

A. 12 h   B. 10 h   C. 11 h

175. 井下防爆电气设备的运行、维护和修理，必须符合（ ）性能的各项技术要求。

A. 防尘   B. 防水   C. 防爆

176. 便携式设备应在（ ）充电。

A. 充电硐室   B. 地面   C. 机电硐室

177. 安全监控系统当主机或系统线缆发生故障时，必须保证实现甲烷电闭锁和（ ）闭锁的全部功能。

A. 风电   B. 风机   C. 瓦斯电

178. 高瓦斯矿井的掘进巷道长度大于（ ）时掘进巷道中部必须安设甲烷传

感器。

    A. 500 m   B. 800 m   C. 1000 m

179. 粉尘监测应采用（　　）监测和个体监测两种方法。

    A. 人工   B. 监测设备   C. 定点

180. 粉尘中游离 SiO_2 含量，每（　　）测定 1 次，在变更工作面时也必须测定 1 次。

    A. 2 个月   B. 6 个月   C. 年

181. 当机电设备硐室超过（　　）时，必须缩短超温地点工作人员的工作时间，并给予高温保健待遇。

    A. 26 ℃   B. 30 ℃   C. 34 ℃

182. 噪声每（　　）个月至少监测 1 次。

    A. 1   B. 3   C. 6

183. 入井人员必须随身携带额定防护时间不低于（　　）的隔绝式自救器。

    A. 30 min   B. 45 min   C. 60 min

184. 在长距离的掘进巷道中，压风自救装置平均每人空气供给量不得少于（　　）。

    A. 0.1 m³/min   B. 0.2 m³/min   C. 0.3 m³/min

185. 入井（场）人员必须戴安全帽等个体防护用品，穿带有（　　）的工作服。

    A. 企业名称   B. 反光标识   C. 工种信息

186. 立井凿井期间吊桶最突出部分与孔口之间的间隙（　　）。

    A. ≥100 mm   B. ≥150 mm   C. ≥200 mm

187. 倾角大于（　　）的煤层，严禁采用连续采煤机开采。

    A. 7°   B. 8°   C. 9°

188. 开采冲击地压煤层时，采煤工作面与掘进工作面之间的距离小于（　　）时，必须停止其中一个工作面。

    A. 300 m   B. 350 m   C. 400 m

189. 生产矿井主要通风机必须装有反风设施，并能在 10 min 内改变巷道中的风流方向。当风流方向改变后，主要通风机的供给风量不应小于正常供风量的（　　）。

    A. 10%   B. 30%   C. 40%

190. 井下充电室风流中以及局部积聚处的氢气浓度不得超过（　　）。

    A. 0.5%   B. 0.6%   C. 0.7%

191. 采掘工作面及其他作业地点风流中甲烷浓度达到（ ）时，必须停止用电钻打眼。

    A. 0.5%   B. 0.75%   C. 1%

192. 远距离爆破时，回风系统必须停电撤人。爆破后，进入工作面检查的时间应在措施中明确规定，但不得小于（ ）。

    A. 10 min   B. 30 min   C. 30 min

193. 煤矿必须制定（ ）防火措施。

    A. 井上、下   B. 地面   C. 井下

194. 井下（ ）使用电炉。

    A. 允许   B. 严禁   C. 必须

195. 井下工作人员必须熟悉（ ）的使用方法，并熟悉本职工作区域内灭火器材的存放地点。

    A. 自救器   B. 呼吸机   C. 灭火器材

196. 开采容易自燃和自燃煤层时，必须开展自然发火监测工作，建立（ ），确定煤层自然发火标志气体及临界值。

    A. 自然发火监测系统   B. 灌浆站   C. 各种台账

197. 电气设备着火时，应首先切断其（ ）。

    A. 电源   B. 分路开关   C. 总开关

198. 探放老空积水最小超前水平钻距不得小于（ ）。

    A. 50 m   B. 30 m   C. 10 m

199. 井下用机车运送爆炸物品时，炸药和电雷管在同一列车内运输时，装有炸药与装有电雷管的车辆之间以及装有炸药或电雷管的车辆与机车之间，必须用空车分别隔开，隔开长度不得小于（ ）。

    A. 1 m   B. 3 m   C. 3 m

200. 采用滚筒驱动带式输送机运输时，机头、机尾、驱动和改向滚筒处，应设（ ）。

    A. 防护栏及警示牌   B. 过桥   C. 直接启动

201. 人员上下井时，必须遵守乘罐制度，听从把钩工指挥。开车信号发出后（ ）进出罐笼。

    A. 允许   B. 严禁   C. 不宜

202. 提升钢丝绳应（ ）检查1次。

    A. 每班   B. 每天   C. 每周

203. 噪声每（ ）个月至少监测1次。

  A. 1   B. 3   C. 6

204. 任何人不得（   ）紧急避险设施内的设备和物品。

  A. 查看   B. 使用   C. 挪用

205. 检查煤仓、溜煤（矸）眼和处理堵塞时，必须制定（   ），严禁人员从下方进入。

  A. 操作程序   B. 应急预案   C. 安全措施

206. 严禁（   ）爆破。

  A. 浅眼   B. 裸露   C. 深孔

207. 非专职人员或非值班电气人员（   ）操作电气设备。

  A. 严禁   B. 不应   C. 不得

208. 掘进机必须设置甲烷断电仪或（   ）。

  A. 便携式甲烷检测报警仪

  B. 便携式一氧化碳检测报警仪

  C. 便携式光干涉甲烷测定器

209. 施工岩（煤）平巷（硐）时，掘进工作面严禁（   ）作业。

  A. 带压   B. 空顶   C. 无压

210. 采（盘）区结束后、回撤（   ）时，必须编制专门措施。

  A. 材料   B. 物品   C. 设备

211. （   ）工作面的伞檐不得超过作业规程的规定。

  A. 采煤   B. 掘进   C. 巷修

212. 单体液压支柱的初撑力，柱径为100 mm的不得小于（   ）。

  A. 60 kN   B. 80 kN   C. 90 kN

213. 煤矿必须制定（   ）防火措施。

  A. 井上、下   B. 地面   C. 井下

214. 煤巷、半煤岩巷支护还必须进行（   ）监测。

  A. 顶板离层   B. 压力   C. 两帮移近

215. 开工前，（   ）必须对工作面安全情况进行全面检查。

  A. 班组长   B. 队长   C. 瓦检员

216. 回柱放顶时，必须指定（   ）人员观察顶板。

  A. 有经验   B. 瓦斯检查   C. 安全

217. 采用分层垮落法开采时，必须向（   ）注水或注浆。

  A. 采空区   B. 煤帮   C. 底板

218. 近距离煤层群开采下一煤层时，必须制定控制（   ）的安全措施。

A. 顶板 B. 底板 C. 两帮

219. 水采时，用明槽输送煤浆时，倾角超过 25°的巷道，明槽必须（ ），否则禁止行人。

A. 封闭 B. 挡板 C. 挡墙

220. 使用掘进机掘进，内喷雾装置的工作压力不得小于（ ），外喷雾装置的工作压力不得小于 4 MPa。

A. 2 MPa B. 3 MPa C. 4 MPa

221. 倾角在（ ）以上的小眼、煤仓、溜煤（矸）眼、人行道、上山和下山的上口，必须设防止人员、物料坠落的设施。

A. 20° B. 35° C. 30°

222. 进入（ ）危险区域的人员必须采取特殊的个体防护措施。

A. 冲击地压 B. 高瓦斯 C. 突出

223. 间距小于（ ）的平行巷道的联络巷贯通，必须遵守贯通巷道各项规定。

A. 10 m B. 30 m C. 30 m

224. 有瓦斯或二氧化碳喷出的煤（岩）层，（ ）必须采取下列措施：打前探钻孔或抽排钻孔；加大喷出危险区域的风量；将喷出的瓦斯或二氧化碳直接引入回风巷或抽采瓦斯管路。

A. 开采前 B. 开采时 C. 开采后

225. 必须及时清除巷道中的浮煤，（ ）或定期撒布岩粉；应定期对主要大巷刷浆。

A. 清扫或冲洗沉积煤尘 B. 对巷道拉底 C. 清除巷道杂物

226. 在突出煤层顶、底板掘进（ ）时，必须超前探测煤层及地质构造情况。

A. 岩巷 B. 煤巷 C. 半煤岩巷

227. 煤矿作业场所存在硫化氢、二氧化硫等有害气体时，应加强通风（ ）有害气体的浓度。

A. 降低 B. 增加 C. 消除

228. 爆破后，待工作面的炮烟被吹散，爆破工、瓦检工和（ ）必须首先巡视爆破地点。

A. 出货工 B. 支护工 C. 班组长

229. 每次爆破作业前，（ ）必须做电爆网路全电阻检查。

A. 爆破工 B. 班组长 C. 瓦斯检查工

230. （ ）必须最后离开爆破地点，并必须在安全地点起爆。

A. 班组长 B. 爆破工 C. 瓦斯检查工

231. 井下（　　）工作地点必须设置灾害事故避灾路线。

A. 部分　　　　　　　B. 局部　　　　　　　C. 所有

232. 采煤工作面回风隅角甲烷传感器的报警浓度不能超过（　　）。

A. 0.5%　　　　　　　B. 1.0%　　　　　　　C. 1.5%

233. 突出煤层采掘工作面附近、爆破撤离人员集中地点、起爆地点必须设有直通（　　）的电话，并设置有供给压缩空气设施的避险设施或压风自救装置。

A. 矿长办公室　　　　B. 矿调度室　　　　　C. 区（队）长办公室

234. 煤矿发生险情或事故时，井下人员在（　　）受阻的情况下紧急避险待救。

A. 避险　　　　　　　B. 逃生　　　　　　　C. 撤离

235. 井工煤矿炮采工作面应采用（　　）、冲洗煤壁、水炮泥、出煤洒水等综合防尘措施。

A. 干打眼　　　　　　B. 风打眼　　　　　　C. 湿式钻眼

236. 排除井筒和下山的积水及恢复被淹井巷的过程中，应由（　　）随时检查水面上的空气成分，发现有害气体及时采取措施进行处理。

A. 瓦斯检查工　　　　B. 矿山救护队　　　　C. 通风队长

237. 低瓦斯矿井的岩石掘进工作面，必须使用安全等级不低于（　　）级的煤矿许用炸药。

A. 一　　　　　　　　B. 二　　　　　　　　C. 三

238. 爆破地点附近（　　）以内风流中瓦斯浓度达到或超过 1.0%，严禁装药、爆破。

A. 10 m　　　　　　　B. 15 m　　　　　　　C. 20 m

239. 矿井安全监控系统入井主干线缆应分设（　　）条。

A. 1　　　　　　　　　B. 3　　　　　　　　　C. 3

240. 安装断电控制系统时，必须根据（　　）提供断电条件，并接通井下电源及控制线。

A. 作业区域　　　　　B. 断电范围　　　　　C. 环境状况

241. 采用载体催化元件的甲烷传感器必须使用校准气样和空气气样在设备设置地点调校、便携式甲烷检测报警仪在仪器维修室调校，每（　　）天至少1 次。

A. 10　　　　　　　　B. 5　　　　　　　　　C. 15

242. 安全监控系统甲烷电闭锁、风电闭锁功能每（　　）天至少测试1 次。

A. 15　　　　　　　　B. 5　　　　　　　　　C. 10

243. 安全监控设备发生故障时，必须及时处理，在故障处理间必须采用人工监测等安全措施，并填写（　　）。

A. 运转记录　　　　　　B. 故障记录　　　　　　C. 监控记录

244. 安全监控设备必须定期（　　），每月至少1次。

A. 检查、维修　　　　　B. 调校、测试　　　　　C. 检验、检测

245. 矿调度室值班人员应监视监控信息，填写运行日志，打印安全监控日报表，并报（　　）审阅。

A. 总工程师　　　　　　B. 矿总工程师和矿长　　C. 矿长

246. 安全监控系统必须具备实时上传（　　）的功能。

A. 故障信息　　　　　　B. 馈电异常信息　　　　C. 监控数据

247. 必须设专职人员负责（　　）的调校、维护及收发。

A. 甲烷传感器　　　　　B. 便携式甲烷检测仪　　C. 一氧化碳传感器

248. 配制甲烷校准气样的装备和方法必须符合国家有关标准的规定，选用纯度不低于（　　）的甲烷标准气体作原料气。

A. 90%　　　　　　　　B. 95%　　　　　　　　C. 99.9%

249. 安装在采煤工作面回风巷的甲烷传感器，断电浓度为大于或等于（　　）。

A. 0.5%　　　　　　　　B. 1.5%　　　　　　　　C. 1.0%

250. 安装在采煤机上的断电仪在工作面瓦斯浓度≥1.5%时，断电范围是（　　）电源。

A. 采煤机

B. 回风巷电气设备

C. 工作面和回风巷全部设备

251. 突出矿井的（　　）可以不设置风向传感器。

A. 突出煤层采煤工作面进风巷

B. 突出煤层掘进工作面回风流

C. 总进风巷

252. 关于传感器的设置以下哪项说法是错误的（　　）。

A. 局部通风机应设置设备开停传感器

B. 主要通风机的风硐应当设置压力传感器

C. 甲烷电闭锁和风电闭锁的被控开关的电源侧必须设置馈电状态传感器

253. 主要通风机的风硐应设置（　　）传感器。

A. 温度　　　　　　　　B. 一氧化碳　　　　　　C. 压力

254. 甲烷电闭锁和风电闭锁的被控开关的负荷侧必须设置（　　）传感器。

　　A. 甲烷　　　　　　　　B. 馈电状态　　　　　　　C. 温度

255. （　　）应具备检测标识卡是否正常和唯一性的功能。

　　A. 人员位置监测系统　　B. 安全监控系统　　　　　C. 井下移动通信系统

256. 矿调度室值班员应监视人员位置等信息，填写（　　）。

　　A. 报警记录　　　　　　B. 监控日报　　　　　　　C. 运行日志

257. 地面抽采瓦斯泵房和泵房周围（　　）范围内，禁止堆积易燃物和有明火。

　　A. 5 m　　　　　　　　B. 30 m　　　　　　　　　C. 15 m

258. 采用干式抽采瓦斯设备时，抽采瓦斯浓度不得低于（　　）。

　　A. 10%　　　　　　　　B. 35%　　　　　　　　　C. 15%

259. 要采取隔爆措施矿井的两翼、相邻的采区、相邻的煤层、相邻的采煤工作面间，必须用（　　）隔开。

　　A. 净化水幕　　　　　　B. 水棚或岩粉棚　　　　　C. 转载喷雾

260. 煤矿必须制定（　　）防火措施。

　　A. 井上、下　　　　　　B. 地面　　　　　　　　　C. 井下

261. 井下消防管路系统应敷设到采掘工作面，每隔（　　）设置支管和阀门。

　　A. 100 m　　　　　　　B. 80 m　　　　　　　　　C. 40 m

262. 井下（　　）使用电炉。

　　A. 允许　　　　　　　　B. 严禁　　　　　　　　　C. 必须

263. 井下使用的棉纱、布头和纸等，必须存放在（　　）。

　　A. 铁桶　　　　　　　　B. 盖严的铁桶内　　　　　C. 木桶

264. 井上消防材料库应设在井口附近，但不得设在（　　）内。

　　A. 主扇房　　　　　　　B. 办公楼　　　　　　　　C. 井口房

265. 封闭的火区，只有经（　　）证实火已熄灭后，方可启封或注销。

　　A. 取样化验　　　　　　B. 现场检测　　　　　　　C. 一个月后

266. 人员乘坐人车时，听从（　　）的指挥，开车前应关闭车门或挂上防护链。

　　A. 安全员　　　　　　　B. 司机及跟车工　　　　　C. 领导

267. 立井升降人员的罐笼内每人占有的有效面积应不小于（　　）。

　　A. 0.15 m²　　　　　　B. 0.18 m²　　　　　　　C. 0.21 m²

268. 检修或搬迁电气设备前，必须切断上级电源，检查瓦斯，在其巷道风流中瓦斯浓度低于（　　）时，再用与电源电压相适应的验电笔检验；检验无电后，方可进行导体对地放电。

　　A. 1.0%　　　　　　　　B. 3.0%　　　　　　　　　C. 1.5%

269. 巷道内的通信和信号电缆应与电力电缆分挂在井巷的两侧，如果受条件所

限：在巷道内，应敷设在电力电缆上方（　　）以上的地方。

    A．0.2 m   B．0.3 m   C．0.1 m

270．电缆穿过墙壁部分应用套管保护，并严密（　　）管口。

    A．封堵   B．封闭   C．密封

271．高压停、送电的操作，可根据书面申请或其他可靠的联系方式，得到批准后，由（　　）电工执行。

    A．普通   B．主要   C．专责

272．井下防爆电气设备的运行、维护和修理，必须符合防爆性能的各项（　　）要求。

    A．技术   B．人为   C．管理

273．使用中的防爆电气设备的防爆性能检查周期为（　　）1次。

    A．每天   B．每季   C．每月

274．固定敷设电缆的绝缘和外部检查周期为（　　）1次。

    A．每天   B．每季   C．每月

275．禁止在井下（　　）以外地点对电池（组）进行更换和维修。

    A．充电硐室   B．大巷   C．车场

276．矿井应设置井下应急（　　）系统，保证井下人员能够清晰听见应急指令。

    A．广播   B．电视   C．电话

277．煤矿必须对紧急避险设施进行维护和管理，（　　）巡检1次，建立技术档案及使用维护记录。

    A．每班   B．每天   C．每周

278．矿井的两回路电源线路上都不得分接任何（　　）。

    A．线路   B．设备   C．负荷

279．地下开采时倾角为25°~45°的煤层为（　　）煤层。

    A．缓倾斜   B．急倾斜   C．倾斜

280．地下开采时厚度为（　　）以上的煤层是厚煤层。

    A．3.5 m   B．4.0 m   C．4.5 m

281．电缆穿过墙壁部分应用（　　）保护，并严密封堵管口。

    A．套管   B．胶带   C．挂钩

282．电缆悬挂点间距，在水平巷道或倾斜井巷内不得超过（　　），在立井井筒内不得超过6 m。

    A．3 m   B．5 m   C．6 m

283．井下由采区变电所、移动变电站或配电点引出的（　　）上，必须具有短

路、过负荷和漏电保护。

    A. 馈电线   B. 接地线   C. 导电线

284. 提升钢丝绳应（　　）检查 1 次。

    A. 每班   B. 每天   C. 每周

285. 电气设备不应超过（　　）运行。

    A. 额定值   B. 最大值   C. 最小值

286. 防爆电气设备入井前，应进行（　　）检查，签发合格证后，方准入井。

    A. 接线   B. 安全   C. 防爆

287. 低压电动机的控制设备，必须具备短路、过负荷、单相断线、（　　）闭锁保护及远程控制功能。

    A. 供电   B. 停电   C. 漏电

288. 每班使用煤电钻前，必须对煤电钻综合保护装置进行 1 次（　　）试验。

    A. 跳闸   B. 过流   C. 短路

289. 确需在机械提升的进风的倾斜井巷（不包括输送机上、下山）中敷设电力电缆时，应有可靠的保护措施，并经（　　）批准。

    A. 矿长   B. 安全副矿长   C. 矿总工程师

290. 井底（　　）及其附近必须有足够照明。

    A. 绕道   B. 车场   C. 大巷

291. 从地面到井下的（　　）必须有足够照明。

    A. 专用人行道   B. 专用回风道   C. 专用材料道

292. 井下爆炸物品库爆炸物品必须贮存在（　　）内，硐室之间或壁槽之间的距离，必须符合爆炸物品安全距离的规定。

    A. 硐室或壁槽   B. 壁槽或材料箱   C. 铁箱或壁槽

293. 井下爆炸物品库必须采用砌碹或用（　　）支护。

    A. 锚喷   B. 非金属不燃性材料   C. 钢铁

294. 在多水平生产的矿井、井下爆炸物品库距爆破工作地点超过（　　）的矿井以及井下不设置爆炸物品库的矿井内，可设立爆炸物品发放硐室。

    A. 1.5 km   B. 3.5 km   C. 3.5 km

295. 井下爆炸物品库必须采用矿用防爆型（矿用增安型除外）照明设备，照明线必须使用阻燃电缆，电压不得超过（　　）。

    A. 36 V   B. 42 V   C. 127 V

296. 水平巷道和倾斜巷道内有可靠的信号装置时，可用钢丝绳牵引的车辆运送爆炸物品，但炸药和电雷管必须分开运输，运输速度不得超过（　　）。

A. 1 m/s　　　　　　B. 3 m/s　　　　　　C. 3 m/s

297. 由爆炸物品库直接向工作地点用人力运送爆炸物品时，携带爆炸物品上、下井时，在每层罐笼内搭乘的携带爆炸物品的人员不得超过（　　）人，其他人员不得同罐上下。

A. 2　　　　　　　　B. 3　　　　　　　　C. 4

298. 使用爆破器材、爆破工艺作业的煤矿企业必须指定部门对（　　）工作专门管理，配备专业管理人员。

A. 消防　　　　　　　B. 爆破　　　　　　C. 防尘

299. 使用煤矿许用毫秒延期电雷管时，最后一段的延期时间不得超过（　　）。

A. 80 ms　　　　　　B. 100 ms　　　　　　C. 130 ms

300. 在（　　）采掘工作面采用毫秒爆破时，若采用反向起爆，必须制定安全技术措施。

A. 低瓦斯矿井　　　　B. 高瓦斯矿井　　　　C. 突出矿井

301. 在高瓦斯矿井采掘工作面采用（　　）时，若采用反向起爆，必须制定安全技术措施。

A. 毫秒爆破　　　　　B. 延期爆破　　　　　C. 反向起爆

302. 从成束的电雷管中抽取单个电雷管时，应将成束的电雷管顺好，拉住（　　）将电雷管抽出。

A. 雷管头　　　　　　B. 管体　　　　　　　C. 前端脚线

303. 装药前，必须首先清除（　　）内的煤粉或岩粉，再用木质或竹质炮棍将药卷轻轻推入，不得冲撞或捣实。

A. 炮药箱　　　　　　B. 炮眼　　　　　　　C. 底板

304. 特殊条件下，如挖底、刷帮、挑顶确需进行炮眼深度小于（　　）的浅孔爆破时，必须制定安全措施并封满炮泥。

A. 0.3 m　　　　　　B. 0.5 m　　　　　　C. 0.6 m

305. 处理卡在溜煤（矸）眼中的煤、矸时，必须使用用于溜煤（矸）眼的煤矿许用（　　）炸药，或不低于该安全等级的煤矿许用炸药。

A. 二级　　　　　　　B. 三级　　　　　　　C. 刚性

306. 在有煤尘爆炸危险的煤层中，掘进工作面爆破前后，附近（　　）的巷道内必须洒水降尘。

A. 10 m　　　　　　B. 15 m　　　　　　　C. 20 m

307. 爆破母线与电缆应分别挂在巷道的两侧。如果必须挂在同一侧，爆破母线必须挂在电缆的下方，并应保持（　　）以上的距离。

A. 0.2 m   B. 0.3 m   C. 0.4 m

308. 开凿或延深通达地面的井筒时，无瓦斯的井底工作面中可使用其他电源起爆，但电压不得超过（　　），并必须有电力起爆接线盒。

   A. 127 V   B. 380 V   C. 660 V

309. 爆破后，必须立即将（　　）拔出，摘掉母线并扭结成短路。

   A. 炮棍   B. 把手或钥匙   C. 钎杆

310. 爆破工接到起爆命令后，必须先发出爆破警号，至少再等（　　）后方可起爆。

   A. 2 s   B. 5 s   C. 8 s

311. 使用瞬发电雷管通电拒爆后，至少等待（　　），才可沿线路检查，查找拒爆原因。

   A. 5 min   B. 15 min   C. 25 min

312. 如果当班未能完成拒爆处理工作，当班（　　）必须在现场向下一班爆破工交接清楚。

   A. 爆破工   B. 班组长   C. 瓦斯检查工

313. 处理拒爆时，要在距拒爆炮眼（　　）以外另打与拒爆炮眼平行的新炮眼，重新装药起爆。

   A. 0.2 m   B. 0.3 m   C. 0.4 m

314. 爆炸物品库和爆炸物品发放硐室附近（　　）范围内，严禁爆破。

   A. 10 m   B. 30 m   C. 30 m

315. 专用房间距井筒、厂房、建筑物和主要通路的安全距离必须符合国家有关规定，且距离井筒不得小于（　　）。

   A. 20 m   B. 30 m   C. 50 m

316. 井工煤矿必须制定停工停产期间要落实（　　）值班制度。

   A. 24 h   B. 专人   C. 双岗

317. 一次爆破必须使用同一厂家、同一品种的（　　）。

   A. 煤矿许用炸药   B. 电管   C. 起爆器

318. 闭坑前，煤矿企业必须编制（　　）。

   A. 闭坑报告   B. 安全措施   C. 回撤方案

319. 各个出口之间的距离不得小于（　　）。

   A. 10 m   B. 30 m   C. 30 m

320. 主要（　　）不得兼作人行道。

   A. 绞车道   B. 皮带道   C. 联络道

321. 2个躲避硐之间的距离不得超过（　　　）。

    A. 40 m   B. 50 m   C. 60 m

322. 矿井防灭火使用凝胶、阻化剂及其他高分子材料时，井巷（　　　）必须符合规程通风、瓦斯和煤尘爆炸防治部分的有关规定。

    A. 温度   B. 湿度   C. 空气成分

323. 当矿井井口附近或者开采塌陷波及区域的地表出现滑坡或泥石流等地质灾害威胁煤矿安全时，应（　　　），并采取防治措施。

    A. 立即采取措施进行治理

    B. 立即撤出受威胁区域的人员

    C. 关井

324. （　　　）应安装孔口盖。报废的钻孔应依据有关规定及时封孔，并将封孔资料和实施负责人的情况记录在案，存档备查。

    A. 新施工的钻孔   B. 封孔不良的钻孔   C. 使用中的钻孔

325. 总粉尘浓度，井工煤矿每月测定（　　　）次。

    A. 1   B. 3   C. 3

326. 粉尘监测采样点布置要求：采煤工作面、翻罐笼作业、巷道维修、转载点的测尘点布置在（　　　）。

    A. 回风巷距工作面 10~15 m 处

    B. 下风侧 3~5 m 处

    C. 工人作业地点

327. 粉尘监测采样点布置要求：掘进工作面、多工序同时作业（爆破作业除外）的测尘点布置在（　　　）。

    A. 工人作业地点

    B. 回风巷距工作面 10~15 m 处

    C. 距掘进头 10~15 m 回风侧

328. 使用耙斗装载机作业时必须有充足的（　　　）。

    A. 距离   B. 空间   C. 照明

329. 采空区内不得遗留未经（　　　）确定的煤柱。

    A. 规划   B. 设计   C. 审批

330. 对金属顶梁和单体液压支柱，在采煤工作面回采结束后或使用时间超过（　　　）个月后，必须进行检修。

    A. 6   B. 8   C. 10

331. 有冲击地压危险的（　　　）工作面，供电、供液等设备应放置在采动应力集中影响区外。

    A. 采煤　　　　　　　　B. 掘进　　　　　　　　C. 采掘

332. 采掘工作面的进风流中，氧气浓度不低于（ 　　 ），按体积浓度计算。

    A. 20%　　　　　　　　B. 15%　　　　　　　　C. 12%

333. 有（ 　　 ）的煤仓和溜煤眼可以放空，但放空后放煤口闸板必须关闭，并设置引水管。

    A. 瓦斯　　　　　　　　B. 煤尘　　　　　　　　C. 涌水

334. 矿井开拓新水平和准备新采区的（ 　　 ），必须引入总回风巷或主要回风巷中。

    A. 入风　　　　　　　　B. 回风　　　　　　　　C. 串联风

335. 煤层倾角大于12°的采煤工作面采用下行通风时，应报（ 　　 ）批准。

    A. 矿长　　　　　　　　B. 安全副矿长　　　　　　C. 矿总工程师

336. 瓦斯喷出区域和突出煤层的掘进通风方式必须采用（ 　　 ）。

    A. 抽出式　　　　　　　B. 压入式　　　　　　　C. 混合式

337. 新建矿井或生产矿井（ 　　 ），应进行1次煤尘爆炸性鉴定工作。

    A. 每延深一个新水平　　B. 每个采区　　　　　　C. 每个采煤工作面

338. 新建矿井或者生产矿井每延深一个新水平，应当进行（ 　　 ）次煤尘爆炸性鉴定工作。

    A. 1　　　　　　　　　B. 3　　　　　　　　　C. 3

339. 石门、井筒揭穿突出煤层必须编制防突专项设计，并报（ 　　 ）审批。

    A. 矿长　　　　　　　　B. 防突部门负责人　　　C. 企业技术负责人

340. 突出煤层上山掘进工作面采用爆破作业时，应采用深度不大于（ 　　 ）的炮眼远距离全断面一次爆破。

    A. 1.0 m　　　　　　　B. 1.5 m　　　　　　　C. 2.0 m

341. 突出矿井应当对突出煤层进行区域突出危险性预测，未进行区域预测的区域视为（ 　　 ）。

    A. 不采取措施可以开采区

    B. 无突出危险区

    C. 突出危险区

342. 突出煤层采掘工作面经（ 　　 ）后划分为突出危险工作面和无突出危险工作面。

    A. 工作面预测　　　　　B. 工作面开采　　　　　C. 工作面打钻

343. 工作面执行防突措施后，必须对防突措施效果进行检验。如果工作面措施效果检验指标均（　　）指标临界值，且未发现其他异常情况，则措施有效。

    A. 大于　　　　　　　　　　B. 等于　　　　　　　　　　C. 小于

344. 新建矿井的永久井架和井口房、以井口为中心的联合建筑，（　　）用不燃性材料建筑。

    A. 必须　　　　　　　　　　B. 可以　　　　　　　　　　C. 严禁

345. 当瓦斯超限达到断电浓度时，（　　）有权责令现场人员停止作业，停电撤人。

    A. 瓦斯检查工　　　　　　　B. 掘进机司机　　　　　　　C. 迎头支护工

346. 开采容易自燃和自燃煤层时，采煤工作面必须采用（　　）式开采，并根据采取防火措施后的煤层自然发火期确定采（盘）区开采期限。

    A. 后退　　　　　　　　　　B. 前进　　　　　　　　　　C. 长臂

347. 探放老空水时，应撤出（　　）。

    A. 探放水点标高以下受水害威胁区域所有人员

    B. 井下所有人员

    C. 采掘作业人员

348. 《煤矿安全规程》是为了保障煤矿（　　）的人身安全与健康，保障煤矿安全生产，防止煤矿事故与职业病危害而制定的。

    A. 矿长　　　　　　　　　　B. 安全管理人员　　　　　　C. 从业人员

349. 采煤工作面刮板输送机必须安设能发出停止、启动信号和通信的装置，发出信号点的间距不得超过（　　）。

    A. 10 m　　　　　　　　　　B. 15 m　　　　　　　　　　C. 20 m

350. 主要通风机房内必须有（　　）、司机岗位责任制和操作规程。

    A. 通风系统图　　　　　　　B. 通风立体示意图　　　　　C. 反风操作系统图

351. 矿井排水系统中的主要泵房至少有（　　）个出口。

    A. 2　　　　　　　　　　　　B. 1　　　　　　　　　　　　C. 3

352. 水泵、水管、闸阀、排水的配电设备和输电线路，必须经常检查和维护。在每年（　　）必须全面检修 1 次。

    A. 雨季之前　　　　　　　　B. 年初　　　　　　　　　　C. 年末

353. 突出矿井必须使用（　　）的机车。

    A. 符合防爆要求

    B. 架线机车

    C. 矿用一般型蓄电池机车

354. 使用的矿用防爆型柴油动力装置，冷却水温度不得超过（　　）。

A. 85 ℃　　　　　B. 95 ℃　　　　　C. 105 ℃

355. 测定蓄电池动力装置的蓄电池电压时应在揭开电池盖（　　）后测试。

A. 10 min　　　　B. 15 min　　　　C. 20 min

356. 斜井人车运输必须设置使跟车工在运行途中（　　）地点都能发送紧急停车信号的装置。

A. 任何　　　　　B. 中部　　　　　C. 下部

357. 采用平巷人车运送人员时，应设置（　　），遇有紧急情况时，应立即向司机发出停车信号。

A. 跟车工　　　　B. 安全员　　　　C. 带班领导

358. 立井提升，使用组合钢罐道时，罐道和罐耳任一侧的磨损量超过原有厚度的（　　）时，必须更换。

A. 30%　　　　　B. 40%　　　　　C. 50%

359. 对金属井架、井筒罐道梁和其他装备的固定和锈蚀情况，应（　　）检查1次。

A. 每季度　　　　B. 每半年　　　　C. 每年

360. 提升系统各部分（　　）还必须至少组织有关人员进行1次全面检查。发现问题，立即处理，检查和处理结果都应详细记录。

A. 每月　　　　　B. 每季度　　　　C. 每半年

361. 井下各水平的总信号工收齐该水平（　　）信号工的信号后，方可向井口总信号工发出信号。

A. 各层　　　　　B. 上层　　　　　C. 下层

362. 立井提升的缓冲托罐装置应每年至少进行（　　）次检查和保养。

A. 1　　　　　　B. 3　　　　　　C. 3

363. 存放时间超过（　　）年的钢丝绳，在悬挂前必须再进行性能检测，合格后方可使用。

A. 半　　　　　　B. 1　　　　　　C. 2

364. 提升钢丝绳应（　　）检查1次。

A. 每班　　　　　B. 每天　　　　　C. 每周

365. 立井摩擦轮提升用平衡钢丝绳的使用期限应不超过（　　）年。

A. 3　　　　　　B. 4　　　　　　C. 5

366. 斜井人车使用的连接装置的安全系数不得小于（　　）。

A. 6　　　　　　B. 8　　　　　　C. 13

367. 提升装置中，卷筒上缠绕 2 层或 2 层以上钢丝绳时，滚筒边缘高出最外一层钢丝绳的高度，至少为钢丝绳直径的（　　）倍。

    A. 2.0　　　　　　　　　　B. 3.5　　　　　　　　　　C. 3.0

368. 卷筒上应缠留（　　）圈绳，以减轻固定处的张力，还必须留有定期检验用绳。

    A. 2　　　　　　　　　　　B. 3　　　　　　　　　　　C. 4

369. 立井提升人员时的加（减）速度小于或等于（　　）。

    A. 0.5 m/s^2　　　　　　B. 0.75 m/s^2　　　　　C. 0.95 m/s^2

370. 提升速度超过（　　）的提升机应装设限速保护。

    A. 2 m/s　　　　　　　　　B. 3.5 m/s　　　　　　　C. 3 m/s

371. 工作制动应采用可调节的（　　）装置。

    A. 机械制动　　　　　　　B. 电气制动　　　　　　C. 发电制动

372. 提升机的盘式制动闸的空动时间不得超过（　　）。

    A. 0.1 s　　　　　　　　　B. 0.3 s　　　　　　　　C. 0.5 s

373. 摩擦式提升机的钢丝绳与摩擦轮衬垫间摩擦因数的取值不得大于（　　）。

    A. 0.15　　　　　　　　　B. 0.20　　　　　　　　C. 0.25

374. 升降人员及人与物料混合提升以外的其他提升系统至少每（　　）年进行 1 次性能检测，检测合格后方可继续使用。

    A. 2　　　　　　　　　　　B. 3　　　　　　　　　　　C. 4

375. 移动式空气压缩机应设置在采用（　　）支护且具有新鲜风流的巷道中。

    A. 不燃性材料　　　　　　B. 木　　　　　　　　　　C. 钢棚

376. 空气压缩机必须使用闪点不低于（　　）的压缩机油。

    A. 175 ℃　　　　　　　　B. 195 ℃　　　　　　　　C. 215 ℃

377. 螺杆式空气压缩机的排气温度不得超过（　　）。

    A. 120 ℃　　　　　　　　B. 130 ℃　　　　　　　　C. 140 ℃

378. 电气设备不应超过（　　）运行。

    A. 额定值　　　　　　　　B. 最大值　　　　　　　C. 校验值

379. 向采区供电的同一电源线路上，串接的采区变电所数量不得超过（　　）个。

    A. 1　　　　　　　　　　　B. 3　　　　　　　　　　　C. 3

380. 采区变电所应设专人（　　）。

    A. 维修　　　　　　　　　B. 值班　　　　　　　　C. 打扫

381. 突出矿井的井底车场的主泵房内，可使用矿用（　　）型电动机。

    A. 增安　　　　　　　　B. 一般　　　　　　　　C. 非防爆

382. 手持式电气设备的操作手柄和工作中必须接触的部分必须有良好（　　）。

    A. 接地　　　　　　　　B. 导电　　　　　　　　C. 绝缘

383. 容易碰到的、裸露的带电体及机械外露的转动和传动部分必须加装（　　）或遮拦等防护设施。

    A. 底座　　　　　　　　B. 护板　　　　　　　　C. 护罩

384. 井下照明和手持式电气设备的供电额定电压不超过（　　）。

    A. 127 V　　　　　　　　B. 320 V　　　　　　　　C. 360 V

385. 矿井必须备有井上下配电系统图、（　　）和供电线路平面敷设示意图，并随着情况变化定期填绘。

    A. 电气保护整定图

    B. 电气开关操作图

    C. 井下电气设备布置示意图

386. 井下电力网的短路电流不得超过其控制用的断路器的开断能力，并应校验电缆的（　　）。

    A. 坚固性　　　　　　　　B. 抗腐蚀性　　　　　　　　C. 热稳定性

387. （　　）及以上的电动机，应采用真空电磁起动器控制。

    A. 30 kW　　　　　　　　B. 40 kW　　　　　　　　C. 50 kW

388. 直接向井下供电的馈电线路上，严禁装设（　　）重合闸。

    A. 手动　　　　　　　　B. 自动　　　　　　　　C. 电控

389. 经由地面架空线路引入井下的供电线路和电机车架线，必须在入井处（　　）防雷电装置。

    A. 加装　　　　　　　　B. 装设　　　　　　　　C. 安装

390. 从硐室出口防火铁门起（　　）内的巷道，应砌碹或用其他不燃性材料支护。硐室内必须设置足够数量的扑灭电气火灾的灭火器材。

    A. 5 m　　　　　　　　B. 10 m　　　　　　　　C. 15 m

391. 所有配电点的位置和空间必须（　　）设备安装、拆除、检修和运输等要求，并采用不燃性材料支护。

    A. 保证　　　　　　　　B. 满足　　　　　　　　C. 足够

392. 变电硐室长度超过（　　）时，必须在硐室的两端各设 1 个出口。

    A. 10 m　　　　　　　　B. 12 m　　　　　　　　C. 6 m

393. 在（　　）、专用回风巷及机械提升的进风的倾斜井巷（不包括输送机上、下山）中不应敷设电力电缆。

　　A. 总回风巷　　　　　　　B. 总进风巷　　　　　　C. 采区进风巷

394. 电缆主线芯的截面应满足供电线路负荷的要求。电缆应带有供保护接地用的足够（　　）的导体。

　　A. 数量　　　　　　　　　B. 截面　　　　　　　　C. 长度

395. 在地面热补或冷补后的橡套电缆，必须经（　　）试验，合格后方可下井使用。

　　A. 浸水耐压　　　　　　　B. 拉伸　　　　　　　　C. 耐磨

396. 下列地点必须有足够照明：井底（　　）及其附近。

　　A. 绕道　　　　　　　　　B. 车场　　　　　　　　C. 大巷

397. 矿灯应保持完好，出现亮度不够、电线破损、灯锁失效、灯头密封不严、灯头圈松动、（　　）等情况时，严禁发放。

　　A. 标签脱落　　　　　　　B. 玻璃破裂　　　　　　C. 挂钩受损

398. 矿井中的电气信号，除信号集中闭塞外应能同时发声和发光。重要信号装置附近，应标明信号的（　　）和用途。

　　A. 强度　　　　　　　　　B. 名称　　　　　　　　C. 种类

399. 井下（　　）和信号的配电装置，应具有短路、过负荷和漏电保护的照明信号综合保护功能。

　　A. 照明　　　　　　　　　B. 提升　　　　　　　　C. 监测监控

400. 主接地极应在主、副水仓中各埋设 1 块。主接地极应用耐腐蚀的钢板制成，其面积不得小于 0.75 m²、厚度不得小于（　　）。

　　A. 3 mm　　　　　　　　　B. 6 mm　　　　　　　　C. 5 mm

401. 橡套电缆的（　　），除用作监测接地回路外，不得兼作他用。

　　A. 接地芯线　　　　　　　B. 接地引线　　　　　　C. 传输导线

402. 高压停、送电的操作，可根据（　　）或其他可靠的联系方式，得到批准后，由专责电工执行。

　　A. 电话通知　　　　　　　B. 书面申请　　　　　　C. 调度指令

403. 接地电网接地电阻值（　　）测定 1 次。

　　A. 每季　　　　　　　　　B. 每月　　　　　　　　C. 半年

404. 串联或并联的电池组应保持厂家、型号、规格的（　　）。

　　A. 一致性　　　　　　　　B. 整体性　　　　　　　C. 完整性

405. 便携式设备应在（　　）充电。

　　A. 充电硐室　　　　　　　B. 进风巷道　　　　　　C. 地面

406. 采煤机必须安装内、外喷雾装置，割煤时必须喷雾降尘，内喷雾工作压力不得小于（　　），外喷雾工作压力不得小于 4 MPa。

    A．1 MPa　　　　　　　　B．3 MPa　　　　　　　　C．3 MPa

407．井工煤矿掘进机作业时，应采用（　　）喷雾及通风除尘等综合措施。

    A．内外　　　　　　　　B．自动　　　　　　　　C．手动

408．矿井应根据需要在避灾路线上设置（　　）补给站。

    A．氧气呼吸器　　　　　B．自救器　　　　　　　C．矿灯

409．处理绞车房火灾时，应将（　　）下方的矿车固定，防止烧断钢丝绳造成跑车伤人。

    A．水源　　　　　　　　B．火源　　　　　　　　C．电源

410．煤矿建设项目的安全设施和（　　），必须与主体工程同时设计、同时施工、同时投入使用。

    A．职业病危害防护设施　B．日常生活设施　　　　C．治安防盗设施

411．作业场所和工作岗位存在的危险有害因素及防范措施、事故应急措施、职业病危害及其后果、职业病危害防护措施等，煤矿企业应履行（　　）义务。

    A．警告　　　　　　　　B．提示　　　　　　　　C．告知

412．有突出危险煤层的新建矿井必须（　　）。

    A．先抽后建　　　　　　B．先建后抽　　　　　　C．边建边抽

413．建井期间（　　）矿井在揭露突出煤层前必须建立瓦斯抽采系统。

    A．高瓦斯　　　　　　　B．突出　　　　　　　　C．瓦斯

414．巷道冒顶、空顶部分可用支护材料接顶，但在碹拱上部必须充填不燃物垫层，其厚度不得小于（　　）。

    A．0.3 m　　　　　　　B．0.4 m　　　　　　　C．0.5 m

415．具有冲击地压危险的高瓦斯、突出煤层的矿井，应根据本矿井条件，制定（　　）防治灾害的技术措施。

    A．单项　　　　　　　　B．专门　　　　　　　　C．专项

416．改变全矿井通风系统时，必须编制通风设计及安全措施，由（　　）审批。

    A．企业董事长　　　　　B．企业总经理　　　　　C．企业技术负责人

417．矿井（　　）应制定综合防尘措施、预防和隔绝煤尘爆炸措施及管理制度，并组织实施。

    A．每年　　　　　　　　B．每季　　　　　　　　C．每5年

418．突出矿井在编制生产发展规划和年度生产计划时，必须同时编制相应的区域防突措施规划和（　　）。

A. 月度实施计划　　　　　B. 三年实施计划　　　　　C. 年度实施计划

419. 有突出危险煤层的新建矿井及突出矿井的（　　）、新采区的设计，必须有防突设计篇章。

A. 新采煤工作面　　　　　B. 新掘进工作面　　　　　C. 新水平

420. 突出矿井的采掘布置在同一突出煤层的集中应力影响范围内，不得布置（　　）个工作面相向回采或掘进。

A. 1　　　　　　　　　　B. 3　　　　　　　　　　C. 3

421. 选择保护层应优先选择（　　）作为保护层。

A. 无突出危险的煤层

B. 有突出危险的煤层

C. 突出危险程度较小的煤层

422. 对不具备保护层开采条件的突出（　　），利用上分层或上区段开采后形成的卸压作用保护下分层或下区段时，应依据实际考察结果来确定其有效保护范围。

A. 厚煤层　　　　　　　　B. 薄煤层　　　　　　　　C. 中厚煤层

423. （　　）工作面的防突措施包括预抽煤层瓦斯、排放钻孔、金属骨架、煤体固化、水力冲孔或其他经试验证明有效的措施。

A. 井巷揭煤　　　　　　　B. 煤巷　　　　　　　　　C. 岩巷

424. （　　）掘进工作面应当选用超前钻孔预抽瓦斯、超前钻孔排放瓦斯的防突措施或其他经试验证明有效的工作面防突措施。

A. 煤岩巷　　　　　　　　B. 岩巷　　　　　　　　　C. 煤巷

425. 清理突出的煤（岩）时，（　　）制定防煤尘、片帮、冒顶、瓦斯超限、出现火源以及防止再次发生突出事故的安全措施。

A. 根据突出情况　　　　　B. 不必　　　　　　　　　C. 必须

426. 采用阻化剂防灭火时，必须对（　　）的种类和数量、阻化效果等主要参数做出明确规定，应采取防止阻化剂腐蚀机械设备、支架等的措施。

A. 阻化剂　　　　　　　　B. 发火区域　　　　　　　C. 惰性气体

427. 在高瓦斯、突出矿井的采掘工作面松动煤体而进行的（　　）以上的深孔预裂控制爆破，可使用二级煤矿许用炸药，但必须制定安全措施。

A. 5 m　　　　　　　　　B. 8 m　　　　　　　　　C. 10 m

428. （　　）矿井必须装备安全监控系统、人员位置监测系统、有线调度通信系统。

A. 高瓦斯　　　　　　　　B. 所有　　　　　　　　　C. 突出

429. 采取有效措施控制（　　）和有毒有害物质等因素的危害。

　　A. 有毒有害气体　　　　　B. 职业病　　　　　　C. 粉尘、噪声、高温

430. 井工煤矿炮采工作面应当采用（　　）、冲洗煤壁、水炮泥、出煤洒水等综合防尘措施。

　　A. 干式钻眼　　　　　　　B. 湿式钻眼　　　　　　C. 喷浆

431. 采煤机必须安装（　　）喷雾装置。

　　A. 液压　　　　　　　　　B. 内、外　　　　　　　C. 自动

432. 有热害的井工煤矿应采取（　　）等非机械制冷降温措施，无法达到环境温度要求时，应采用机械制冷降温措施。

　　A. 通风　　　　　　　　　B. 用水　　　　　　　　C. 空调

433. 在采用（　　）措施无法达到作业环境标准时，应采用集中抽取净化。化学吸收等措施降低硫化氢、二氧化硫的浓度。

　　A. 通风　　　　　　　　　B. 抽放　　　　　　　　C. 监测

434. 煤矿企业必须建立（　　）制度。

　　A. 应急响应　　　　　　　B. 应急准备　　　　　　C. 应急演练

435. 煤矿发生险情或事故后，煤矿应组织（　　）人员撤离险区。

　　A. 遇险　　　　　　　　　B. 涉险　　　　　　　　C. 受伤

436. 当矿井水文地质条件尚未查清时，应当进行（　　）。

　　A. 正常生产

　　B. 正常建设

　　C. 水文地质补充勘查工作

437. 矿井应对主要含水层进行（　　）水位动态观测。

　　A. 1 个月　　　　　　　　B. 长期　　　　　　　　C. 1 个季度

438. 矿井防治水图件，至少每（　　）对图纸内容进行修订完善。

　　A. 1 个月　　　　　　　　B. 3 个月　　　　　　　C. 半年

439. 煤矿每年（　　）必须对防治水工作进行全面检查。

　　A. 年初　　　　　　　　　B. 雨季前　　　　　　　C. 年末

440. 煤矿应建立（　　），加强与周边相邻矿井的信息沟通，发现矿井水害可能影响相邻矿井时，立即向周边相邻矿井发出预警。

　　A. 安全通报制度

　　B. 作业人员违章信息公示制度

　　C. 灾害性天气预警和预防机制

441. 当地表出现威胁矿井生产安全的（　　）时，应修筑泄水沟渠或排水设施，

防止积水渗入井下。

    A. 湖水　　　　　　　B. 积水区　　　　　　C. 江水

442. 降大到暴雨时和降雨后，应有（　　）观测地面积水与洪水情况、井下涌水量等有关水文变化情况和井田范围及附近地面有无裂缝、采空塌陷、井上下连通的钻孔与岩溶塌陷等现象。

    A. 专门人员　　　　　B. 探放水工　　　　　C. 专业人员

443. 在未固结的灌浆区、有淤泥的废弃井巷、岩石洞穴附近采掘时，应制定（　　）。

    A. 专项安全技术措施　B. 专项开采设计　　C. 专门开采规划

444. 井田内有与河流、湖泊、充水溶洞、强或极强含水层等水体（　　）的导水断层、裂隙（带）、陷落柱和封闭不良钻孔等通道时，应查明其确切位置。

    A. 不存在水利联系　　B. 存在水力联系　　C. 没有连通关系

445. 对于（　　）的采掘工作面，应提前编制防治水设计，制定并落实水害防治措施。

    A. 薄煤层　　　　　　B. 煤层顶、底板带压　C. 厚煤层

446. 煤层顶板存在富水性（　　）及以上含水层或其他水体威胁时，应实测垮落带、导水裂缝带发育高度，进行专项设计，确定防隔水煤（岩）柱尺寸。

    A. 一般　　　　　　　B. 中等　　　　　　　C. 弱

447. 开采底板有承压含水层的煤层，隔水层能够承受的水头值应（　　）实际水头值。

    A. 大于　　　　　　　B. 等于　　　　　　　C. 小于

448. 矿井建设和延深中，当开拓到设计水平时，只有在建成（　　）后，方可开拓掘进。

    A. 躲避硐室　　　　　B. 防、排水系统　　　C. 信号硐室

449. 煤层顶、底板分布有强岩溶承压含水层时，主要运输巷、轨道巷和回风巷应（　　），并以石门分区隔离开采。

    A. 布置在受水害威胁的层位中

    B. 布置在不受水害威胁的层位中

    C. 随意布置

450. 井巷揭露的主要出水点或地段，必须进行水温、水量、水质和水压（位）等地下水动态和松散含水层涌水含砂量综合观测和分析，防止（　　）。

    A. 水温过高造成危害　B. 滞后突水　　　　　C. 水污染

451. 井下采区、巷道有突水危险或者可能积水的，应优先施工安装（　　）。

　　A. 通风设施　　　　　B. 防、排水系统　　　　C. 通信设施

452. 在地面无法查明水文地质条件时，应进行井下超前探查，查清（　　）周围的水文地质条件。

　　A. 采区　　　　　　　B. 采掘工作面　　　　　C. 石门

453. 井下安装钻机进行探放水前，依据设计，确定探放水孔位置时，由（　　）现场标定。

　　A. 探水人员　　　　　B. 测量人员　　　　　　C. 采矿工程师

454. 在预计水压大于 0.1 MPa 的地点探放水时，应预先（　　）。

　　A. 泄压　　　　　　　B. 安装反压和防喷装置　C. 固结套管

455. 预计钻孔内水压大于（　　）时，应采用反压和有防喷装置的方法钻进，并制定防止孔口管和煤（岩）壁突然鼓出的措施。

　　A. 1. 5 MPa　　　　　B. 1. 0 MPa　　　　　　C. 2 MPa

456. 在探放水钻进时，发现煤岩松软、片帮、来压或者钻孔中水压、水量突然增大和顶钻等突（透）水征兆时，应（　　）。

　　A. 继续快速钻进　　　B. 立即停止钻进　　　　C. 立即采用反压手段

457. 钻孔放水前，应估计（　　），并根据矿井排水能力和水仓容量等，控制放水流量，防止淹井。

　　A. 积水量　　　　　　B. 水压　　　　　　　　C. 水温

458. 井上、下接触爆炸物品的人员，必须穿（　　）严禁穿化纤衣服。

　　A. 迷彩服　　　　　　B. 棉布或抗静电衣服　　C. 防辐射服

459. 进风井口必须布置在（　　）有害和高温气体不能侵入的地方。

　　A. 粉尘　　　　　　　B. 煤尘　　　　　　　　C. 岩尘

460. 暖风道和压入式通风的风硐必须用不燃性材料砌筑，并应至少装设（　　）道防火门。

　　A. 1　　　　　　　　　B. 3　　　　　　　　　C. 3

461. 主要巷道内带式输送机机头前后两端各（　　）范围内，都必须用不燃性材料支护。

　　A. 20 m　　　　　　　B. 50 m　　　　　　　　C. 100 m

462. 煤矿水泵房，一个出口应通到井底车场，在此出口通路内，应设置易于关闭的（　　）的密闭门。

　　A. 防火　　　　　　　B. 防水　　　　　　　　C. 既能防水又能防火

463. 开凿平硐或利用已有平硐作为爆炸物品库时，硐口必须装有向外开启的 2

道门，由外往里第一道门为包铁皮的木板门，第二道门为（　　）。

 A. 防盗门   B. 铁皮门   C. 栅栏门

464. 储存库门口 8 m 范围内不应有枯草等易燃物，储存库区内以及围墙外（　　）范围内不应有针叶树和竹林等易燃油性植物。

 A. 15 m   B. 30 m   C. 25 m

465. 平硐炸药库，硐口到最近贮存硐室之间的距离超过（　　）时，必须有 2 个人口。

 A. 10 m   B. 15 m   C. 20 m

466. 严禁（　　）爆破。

 A. 浅眼   B. 裸露   C. 深孔

467. 在最小载荷最大坡度上向上运行时，制动减速度不大于（　　）。

 A. 4 m/s^2 B. 5 m/s^2 C. 6 m/s^2

468. 立井提升，提升容器的罐耳在安装时与罐道之间所留的间隙，使用木罐道时每侧不得超过（　　）。

 A. 5 mm   B. 8 mm   C. 10 mm

469. 钢罐道布置在容器两侧时，容器与罐道梁之间最小间隙为（　　）。

 A. 40 mm   B. 50 mm   C. 60 mm

470. 提升系统各部分（　　）至少由专职人员检查 1 次，发现问题，立即处理，检查和处理结果都应详细记录。

 A. 每班   B. 每天   C. 每周

471. 检修人员站在罐笼或箕斗顶上工作时，提升容器的运行速度一般为 0.3～0.5 m/s，最大不得超过（　　）。

 A. 1.0 m/s   B. 1.5 m/s   C. 2.0 m/s

472. 每一提升装置，除常用的信号装置外，还必须有（　　）信号装置。

 A. 待修   B. 备用   C. 检修

473. 井底车场的信号必须经由井口（　　）转发，不得越过井口信号工直接向提升机司机发送开车信号。

 A. 把钩工   B. 带班领导   C. 信号工

474. 在提升速度大于（　　）的提升系统内，必须设防撞梁和托罐装置，防撞梁不得兼作他用。

 A. 2 m/s   B. 3 m/s   C. 4 m/s

475. 提升钢丝绳应（　　）检查 1 次。

 A. 每班   B. 每天   C. 每周

476. 钢丝绳遭受猛烈拉力的一段的长度伸长（   ）以上，必须将受损段剁掉或更换全绳。

    A. 0.5%　　　　　B. 0.8%　　　　　C. 1.0%

477. 立井提升容器与提升钢丝绳的楔形连接装置，单绳提升累计使用期限不得超过（   ）年。

    A. 8　　　　　　　B. 10　　　　　　C. 12

478. 天轮绳槽衬垫磨损达到 1 根钢丝绳直径的深度，或沿侧面磨损达到钢丝绳直径的（   ）时，必须更换。

    A. 1/4　　　　　B. 1/3　　　　　C. 1/2

479. 提升机超速保护的作用是当提升速度超过最大速度（   ）时，必须能自动断电，且使制动器实施安全制动。

    A. 10%　　　　　B. 15%　　　　　C. 20%

480. 提升机必须有（   ），并妥善保管。

    A. 电气系统图　　B. 电气原理图　　C. 电气设备布置图

481. 井下配电系统同时存在（   ）电压时，配电设备上应明显地标出其电压额定值。

    A. 2 种或 2 种以上　B. 1 种或 1 种以上　C. 3 种或 3 种以上

482. 硐室内各种设备与墙壁之间应留出（   ）以上的通道，各种设备相互之间应留出 0.8 m 以上的通道。

    A. 0.5 m　　　　B. 0.8 m　　　　C. 1.0 m

483. 电缆主线芯的截面应满足供电线路负荷的要求。电缆应带有供保护接地用的足够（   ）的导体。

    A. 数量　　　　　B. 截面　　　　　C. 长度

484. 严禁用（   ）作照明电源。

    A. 控制电缆　　　B. 电机车架空线　　C. 信号电缆

485. 任一组主接地极断开时，井下总接地网上任一保护接地点的接地电阻值不得超过（   ）。

    A. 2 Ω　　　　　B. 4 Ω　　　　　C. 8 Ω

486. 对检查出（   ）职业禁忌证和职业相关健康损害的从业人员，必须调离接害岗位，妥善安置。

    A. 有　　　　　　B. 没有　　　　　C. 疑似

487. 煤矿企业应为从业人员建立职业健康监护（   ），并按照规定的期限妥善保存。

A. 措施　　　　　　B. 制度　　　　　　C. 档案

488. 在巷道交叉口（　）设置避灾路线标识。

A. 不得　　　　　　B. 可以　　　　　　C. 必须

489. 立井凿井期间的局部通风机的安装位置距井口不得小于（　），且应位于井口主导风向上风侧。

A. 20 m　　　　　B. 30 m　　　　　C. 40 m

490. 矿井必须有（　）的通风安全检测仪表。

A. 一定数量　　　　B. 足够数量　　　　C. 固定数量

491. 所有安装电动机及其开关的地点附近（　）的巷道内，都必须检查瓦斯。

A. 10 m　　　　　B. 15 m　　　　　C. 20 m

492. 在有油气爆炸危险的矿井中，应使用（　）检查各个地点的油气浓度，并定期采样化验油气成分和浓度。

A. 便携式甲烷检测报警仪

B. 便携式光学甲烷检测仪

C. 能检测油气成分的仪器

493. 矿井应每周至少检查 1 次（　）的安装地点、数量、水量或岩粉量及安装质量是否符合要求。

A. 煤尘隔爆设施　　B. 通风设施　　　　C. 煤层注水设备

494. 突出煤层的石门揭煤、煤巷和半煤岩巷掘进工作面进风侧必须设置至少（　）道牢固可靠的反向风门。

A. 1　　　　　　　B. 3　　　　　　　C. 3

495. 远距离爆破时，回风系统必须停电撤人。爆破后，进入工作面检查的时间应在措施中应明确规定，但不得小于（　）。

A. 10 min　　　　B. 30 min　　　　C. 30 min

496. 井巷交岔点，必须设置路标，标明所在地点，指明通往（　）的方向。

A. 工作面　　　　　B. 所在地点　　　　C. 安全出口

497. 矿井防灭火使用的凝胶、阻化剂及其他高分子材料必须符合规程开采部分相关规定。使用时，井巷（　）必须符合本规程通风、瓦斯和煤尘爆炸防治部分有关规定。

A. 温度　　　　　　B. 湿度　　　　　　C. 空气成分

498. 采用均压技术防灭火时，改变矿井通风方式、主要通风机工况以及井下通风系统时，对均压地点的（　）状况必须及时进行调整，保证均压状态的稳定。

　　A. 均压　　　　　　　　B. 风量　　　　　　　　C. 有害气体

499. 开采自燃和容易自燃煤层，应及时构筑各类（　　）并保证质量。

　　A. 密闭　　　　　　　　B. 风门　　　　　　　　C. 通风设施

500. 井下所有永久性防火墙都应（　　），并在火区位置关系图中注明。

　　A. 专人管理　　　　　　B. 挂牌　　　　　　　　C. 编号

501. 使用便携式光学甲烷检测仪或者便携式甲烷检测报警仪与甲烷传感器进行
　　对照，当两者读数大于允许误差时，应当以读数较大者为依据，采取安全
　　措施并必须在（　　）内对 2 种设备调校完毕。

　　A. 2 h　　　　　　　　　B. 4 h　　　　　　　　C. 8 h

502. 作业人员每天连续接触噪声时间达到或者超过 8 h 的，噪声声级限值
　　为（　　）。

　　A. 80 dB（A）　　　　　B. 85 dB（A）　　　　　C. 88 dB（A）

503. 有害气体监测时应选择有代表性的作业地点，其中应包括空气中有害物质
　　浓度（　　）、作业人员接触时间最长的地点。采样应在正常生产状态下
　　进行。

　　A. 最低　　　　　　　　B. 一般　　　　　　　　C. 最高

504. 氧化氮、一氧化碳、氨、二氧化硫至少（　　）监测 1 次。

　　A. 每月　　　　　　　　B. 每 3 个月　　　　　　C. 每 6 个月

505. 硫化氢至少每月监测（　　）次。

　　A. 1　　　　　　　　　　B. 3　　　　　　　　　　C. 3

506. 矿井临时通风机应安装在地面，（　　）矿井临时通风机确需安装在井下
　　时，必须制定专项措施。

　　A. 突出　　　　　　　　B. 高瓦斯　　　　　　　C. 低瓦斯

507. 矿井各个出口之间的距离不得小于（　　）。

　　A. 10 m　　　　　　　　B. 30 m　　　　　　　　C. 30 m

508. 井筒施工以及开拓新水平的井巷第一次接近各开采煤层时，必须按掘进工
　　作面距煤层的准确位置，在距煤层垂距（　　）以外开始打探煤钻孔，钻
　　孔超前工作面的距离不得小于 5 m，并有专职瓦斯检查工经常检查瓦斯。

　　A. 5 m　　　　　　　　　B. 10 m　　　　　　　　C. 15 m

509. 突出煤层突出危险区（　　）采取区域防突措施，严禁在区域防突措施效
　　果未达到要求的区域进行采掘作业。

　　A. 必须　　　　　　　　B. 不必　　　　　　　　C. 可以

510. 有突出危险煤层的新建矿井或突出矿井，开拓新水平的井巷第一次揭穿

（开）厚度为（　　）及以上煤层时，必须超前探测煤层厚度及地质构造、测定煤层瓦斯压力及瓦斯含量等与突出危险性相关的参数。

A. 0.2 m　　　　　　　　B. 0.3 m　　　　　　　　C. 0.5 m

511. 采取预抽煤层瓦斯区域防突措施时，厚煤层分层开采时，预抽钻孔应控制开采分层及其上部法向距离至少（　　）、下部10 m范围内的煤层。

A. 5 m　　　　　　　　　B. 10 m　　　　　　　　C. 20 m

512. 下列哪个选项不得将在本巷道施工顺煤层钻孔预抽煤巷条带瓦斯作为区域防突措施（　　）。

A. 煤层坚固性系数为0.3~0.5，且埋深大于500 m的

B. 煤层坚固性系数为0.3~0.5，且埋深大于600 m的

C. 煤层坚固性系数为0.3~0.5，且埋深大于700 m的

513. 保护层的开采厚度不大于0.5 m、上保护层与突出煤层间距大于50 m或下保护层与突出煤层间距大于（　　）时，必须对每个被保护层工作面的保护效果进行检验。

A. 30 m　　　　　　　　B. 50 m　　　　　　　　C. 80 m

514. 揭煤工作面距煤层法向距离2 m至进入顶（底）板2 m的范围，均应采用远距离爆破掘进工艺，起爆及撤人地点必须位于（　　）以外全风压通风的新鲜风流中或300 m以外的避难硐室内。

A. 200 m　　　　　　　B. 300 m　　　　　　　C. 500 m

515. 在煤巷掘进工作面第一次执行局部防突措施或无措施超前距时，必须采取小直径钻孔排放瓦斯等防突措施，只有在工作面前方形成（　　）以上的安全屏障后，方可进入正常防突措施循环。

A. 5 m　　　　　　　　　B. 10 m　　　　　　　　C. 20 m

516. 地面泵房内电气设备、照明和其他电气仪表都应采用（　　），否则必须采取安全措施。

A. 矿用一般安全型　　　B. 矿用防爆型　　　　　C. 矿用隔爆型

517. 井工煤矿采煤工作面（　　）应安设风流净化水幕。

A. 入风巷　　　　　　　B. 回风巷　　　　　　　C. 硐室

518. 井工煤矿在煤、岩层中钻孔作业时，（　　）湿式降尘等措施。

A. 必须采取　　　　　　B. 可不采取　　　　　　C. 应采取

519. 在长距离的掘进巷道中，应根据实际情况增加（　　）装置的设置组数。

A. 通风自救　　　　　　B. 压风自救　　　　　　C. 供水施救

二、多选题

1. 《煤矿安全规程》是根据（　　）《煤矿安全监察条例》和《安全生产许可证条例》等制定的。
   A. 《安全生产法》　B. 《职业病防治法》　C. 《煤炭法》　D. 《矿山安全法》

2. 从事煤炭生产与煤矿建设的企业必须遵守国家有关安全生产的法律、（　　）和技术规范。
   A. 法规　　　　　B. 规章　　　　　C. 规程　　　　D. 标准

3. 严禁使用国家明令禁止使用或淘汰的危及生产安全和可能产生职业病危害的（　　）。
   A. 技术　　　　　B. 工艺　　　　　C. 材料　　　　D. 设备

4. 安全技术措施与职业病危害防治所需费用、材料和设备等必须列入企业（　　）计划。
   A. 生产　　　　　B. 销售　　　　　C. 财务　　　　D. 供应

5. 煤矿必须建立（　　）；必须掌握井下人员数量、位置等实时信息。
   A. 入井检身制度　　　　　　　　B. 入井考勤制度
   C. 出入井人员清点制度　　　　　D. 入井设备检查制度

6. 入井人员必须随身携带（　　），严禁携带烟草和点火物品，严禁穿化纤衣服。
   A. 自救器　　　　B. 标识卡　　　　C. 矿灯　　　　D. 瓦检仪

7. 井工煤矿必须按规定填绘（　　）。
   A. 巷道布置图　　　　　　　　　B. 井上、下对照图
   C. 采掘工程平面图　　　　　　　D. 通风系统图

8. 煤矿企业必须（　　），储备应急救援物资、装备并定期检查补充。
   A. 建立应急救援组织　　　　　　B. 健全应急规章制度
   C. 编制应急预案　　　　　　　　D. 建立矿山救护队

9. 创伤急救系统应配备（　　）等。
   A. 救护车辆　　　B. 急救器材　　　C. 急救装备　　D. 药品

10. 煤矿发生事故后，煤矿企业（　　）必须立即采取措施组织抢救。
    A. 主要负责人　　B. 安全负责人　　C. 生产负责人　D. 技术负责人

11. 煤矿建设单位及参与建设的（　　）等单位必须具有与工程项目规模相适应的能力。
    A. 设计　　　　　B. 计划　　　　　C. 监理　　　　D. 施工

12. 单项工程、单位工程开工前，必须编制（　　　），并组织相关人员学习。

    A. 初步设计   B. 施工图设计

    C. 施工组织设计   D. 作业规程

13.（　　　）矿井的回风井严禁兼作提升和行人通道，紧急情况下可作为安全出口。

    A. 新建   B. 大中型   C. 小型   D. 改扩建

14. 巷道净断面必须满足（　　　）及设备安装、检修、施工的需要。

    A. 行人   B. 运输   C. 通风   D. 安全设施

15.（　　　）新掘运输巷的一侧，从巷道道碴面起 1.6 m 的高度内，必须留有宽 0.8 m（综合机械化采煤及无轨胶轮车运输的矿井为 1 m）以上的人行道，管道吊挂高度不得低于 1.8 m。

    A. 新建矿井   B. 大中型矿井   C. 生产矿井   D. 小型矿井

16. 严禁任意变更设计确定的（　　　）等的安全煤柱。

    A. 工业场地   B. 矿界   C. 防水   D. 井巷

17.（　　　）的矿井，不得采用前进式采煤方法。

    A. 高瓦斯   B. 突出

    C. 冲击地压   D. 容易自燃或者自燃煤层

18. 采用放顶煤开采时，针对煤层开采技术条件和放顶煤开采工艺特点，必须制定（　　　）、采放煤工艺、顶板支护、初采和工作面收尾等安全技术措施。

    A. 防瓦斯   B. 防火   C. 防尘   D. 防水

19. 有下列情况之一的，应当进行煤岩冲击倾向性鉴定：有（　　　）等动力现象的。

    A. 强烈震动   B. 瞬间底（帮）鼓 C. 煤岩弹射   D. 顶板掉渣

20. 开采冲击地压煤层时，必须采取冲击危险性预测、（　　　）等综合性防治措施。

    A. 监测预警   B. 防范治理   C. 效果检验   D. 安全防护

21. 冲击地压矿井（　　　）时，必须进行论证。

    A. 提高生产能力   B. 新水平延深   C. 新采区准备   D. 新水平投产

22. 矿井每年安排采掘作业计划时必须核定矿井（　　　）能力，必须按实际供风量核定矿井产量，严禁超通风能力生产。

    A. 生产   B. 运输   C. 通风   D. 采掘

23.（　　　）矿井的每个采（盘）区和开采容易自燃煤层的采（盘）区，必须设置至少 1 条专用回风巷。

A. 热害严重　　　B. 低瓦斯　　　　　C. 高瓦斯　　　　D. 突出

24. 使用局部通风机供风的地点必须实行（　　　），保证当正常工作的局部通风机停止运转或停后能切断停风区内全部非本质安全型电气设备的电源。

A. 专用开关　　　B. 风电闭锁　　　　C. 专用变压器　　D. 甲烷电闭锁

25. 井下机电设备硐室必须设在进风风流中；该硐室采用扩散通风的，其（　　　），并且无瓦斯涌出。

A. 深度不得超过 6 m　　　　　　　B. 深度不得超过 8 m

C. 人口宽度不得小于 1.5 m　　　　D. 人口宽度不得小于 1.0 m

26. 采区回风巷、采掘工作面回风巷风流中甲烷浓度超过 1.0% 或二氧化碳浓度超过 1.5% 时，必须（　　　）。

A. 停止工作　　　B. 采取措施　　　　C. 进行处理　　　D. 撤出人员

27. 采掘工作面及其他作业地点风流中、电动机或其开关安设地点附近 20 m 以内风流中的甲烷浓度达到 1.5% 时，必须（　　　）。

A. 停止工作　　　B. 切断电源　　　　C. 进行处理　　　D. 撤出人员

28. 采掘工作面风流中二氧化碳浓度达到 1.5% 时，必须停止工作，（　　　）进行处理。

A. 撤出人员　　　B. 查明原因　　　　C. 制定措施　　　D. 进行处理

29. 通风瓦斯日报必须送（　　　）审阅。

A. 机电矿长　　　B. 矿长　　　　　　C. 矿总工程师　　D. 技术科长

30. 井下临时抽采瓦斯泵站抽出的瓦斯可引排到（　　　），但必须保证稀释后风流中的瓦斯浓度不超限。

A. 地面　　　　　B. 总回风巷　　　　C. 一翼回风巷　　D. 分区回风巷

31. 煤尘的爆炸性应由具备相关资质的单位进行鉴定，鉴定结果必须报（　　　）备案。

A. 省级煤炭行业管理部门　　　　　B. 煤矿安全监察机构

C. 市级地方煤炭行业管理部门　　　D. 企业上级领导部门

32. 矿井的两翼、（　　　）间，煤层掘进巷道同与其相连的巷道间，煤仓同与其相通的巷道间，采用独立通风并有煤尘爆炸危险的其他地点同与其相连通的巷道间，必须用水棚或岩粉棚隔开。

A. 相邻的采区　　　　　　　　　　B. 相邻的煤层

C. 相邻的采煤工作面　　　　　　　D. 相邻的生产水平

33. 新建突出矿井设计生产能力和第一生产水平开采深度应符合（　　　）的要求。

A. 设计生产能力不得低于 1 Mt/a

B. 设计生产能力不得低于 0.9 Mt/a

C. 第一生产水平开采深度不得超过 800 m

D. 第一生产水平开采深度不得超过 1000 m

34. 区域综合防突措施包括（   ）。

    A. 区域突出危险性预测　　　　　　B. 区域防突措施

    C. 区域防突措施效果检验　　　　　D. 区域验证

35. 局部综合防突措施包括（   ）。

    A. 工作面突出危险性预测　　　　　B. 工作面防突

    C. 工作面防突措施效果检验　　　　D. 安全防护措施

36. 安全防护措施主要包括（   ）、远距离爆破等。

    A. 避难硐室　　　　　　　　　　　B. 反向风门

    C. 压风自救装置　　　　　　　　　D. 隔离式自救器

37. （   ）等堆放场距离进风井口不得小于 80 m。

    A. 木料场　　　B. 矸石山　　　C. 炉灰堆　　　D. 煤堆

38. 进风井口应装设防火铁门，防火铁门必须严密并易于关闭，打开时不妨碍（   ）和人员通行，并应定期维修。

    A. 提升　　　　B. 通风　　　　C. 运输　　　　D. 电缆接设

39. 井口房和通风机房附近 20 m 内，不得有（   ）取暖。

    A. 烟火　　　　B. 火炉　　　　C. 电暖气　　　D. 木材

40. 如果必须在井下（   ）内进行电焊、气焊和喷灯焊接等工作，每次必须制定安全措施，由矿长批准并遵守相关规定。

    A. 主要硐室　　　　　　　　　　　B. 工作面

    C. 主要进风井巷　　　　　　　　　D. 井口房

41. 消防材料库储存的（   ）的品种和数量应符合有关规定，并定期检查和更换；消防材料和工具不得挪作他用。

    A. 灭火器　　　B. 消防材料　　　C. 工具　　　　D. 河砂

42. 每季度应对井上、下消防管路系统，（   ）的设置情况进行 1 次检查。

    A. 防火门　　　B. 消防器材　　　C. 消火管路　　　D. 消防材料

43. 煤的自燃倾向性分为（   ）3 类。

    A. 容易自燃　　　B. 自燃　　　　C. 不易自燃　　　D. 极易自燃

44. 开采容易自燃和自燃煤层时，必须制定防治（   ）自然发火的技术措施并实施。

    A. 采空区   B. 巷道高冒区   C. 煤柱破坏区   D. 硐室

45. 采用氮气防灭火时，至少有 1 套专用的 （   ）。

    A. 氮气输送管路系统   B. 氮气输送管路系统附属安全设施

    C. 检测工具   D. 消火管路

46. 任何人发现井下火灾时，应视 （   ），立即采取一切可能的方法直接灭火，控制火势，并迅速报告矿调度室。

    A. 火灾性质   B. 灾区通风   C. 瓦斯情况   D. 人员情况

47. 煤矿企业必须绘制火区位置关系图，注明所有 （   ） 的地点。

    A. 火区   B. 曾经发火   C. 采区   D. 采掘工作面

48. 启封火区时，应逐段恢复通风，同时测定回风流 （   ）。发现复燃征兆时，必须立即停止向火区送风，并重新封闭火区。

    A. 一氧化碳   B. 瓦斯浓度   C. 二氧化碳   D. 风流温度

49. 煤矿防治水工作应坚持 （   ） 的基本原则。

    A. 预测预报   B. 有疑必探   C. 先探后掘   D. 先治后采

50. 水文地质条件 （   ） 的煤矿，应设立专门的防治水机构。

    A. 复杂   B. 简单   C. 极复杂   D. 中等

51. 矿井应编制下列防治水图件 （   ）。

    A. 矿井充水性图

    B. 矿井涌水量与相关因素动态曲线图

    C. 矿井综合水文地质图

    D. 矿井综合水文地质柱状图

52. 采掘工作面的透水征兆有 （   ）。

    A. 煤层变湿、煤壁挂红   B. 空气变冷

    C. 水叫   D. 钻孔出水

53. 地面 （   ） 应及时填塞，填塞工作必须有安全措施。

    A. 河流   B. 裂缝   C. 塌陷地点   D. 水井

54. 降大到暴雨时和降雨后，巡视的专业人员应观测井田范围及附近地面有无 （   ） 等现象，并及时向矿调度室及有关负责人报告，并将上述情况记录在案，存档备查。

    A. 裂缝   B. 采空塌陷

    C. 上下连通的钻孔   D. 岩溶塌陷

55. 当矿井井口附近或者开采塌陷波及区域的地表出现 （   ） 等地质灾害威胁煤矿安全时，应及时撤出受威胁区域的人员，并采取防治措施。

A. 滑坡　　　　　B. 地震　　　　　C. 泥石流　　　　D. 干涸开裂

56. 发现与矿井防治水有关系的河道中（　　）时，应及时报告当地人民政府，清理障碍物或者修复堤坝，防止地表水进入井下。

A. 存在障碍物　　B. 污染　　　　　C. 堤坝破损　　　D. 水量干涸

57. 排水系统集中控制的主要泵房可不设专人值守，但必须实现（　　）。

A. 图像监视　　　　　　　　　　　B. 专人巡检

C. 最大涌水量 600 m³ 以上　　　　D. 涌水量不出现异常

58. 采掘工作面遇有下列情况之一时，应立即停止施工，确定探水线，实施超前探放水，经确认无水害威胁后，方可施工。（　　）

A. 接近水淹或可能积水的井巷、老空或相邻煤矿时

B. 接近含水层、导水断层、溶洞和导水陷落柱时

C. 接近有积水的灌浆区时

D. 接近可能与河流、湖泊、水库、蓄水池、水井等相通的导水通道时

59. 在探放水钻进时，发现（　　）等突（透）水征兆时，应立即停止钻进，但不得拔出钻杆。

A. 钻孔中水压、水量突然增大　　　B. 煤岩松软、片帮

C. 来压　　　　　　　　　　　　　D. 顶钻

60. 探放老空水前，应首先分析查明老空水体的（　　）等。

A. 空间位置　　　B. 积水量　　　　C. 水质　　　　　D. 水压

61. 没有矿区总库的，单个库房的最大容量（　　）。

A. 炸药不得超过 200 t　　　　　　B. 雷管不得超过 500 万发

C. 炸药不得超过 500 t　　　　　　D. 雷管不得超过 800 万发

62. 爆破作业必须执行（　　）制度，并在起爆前检查起爆地点的瓦斯浓度。

A. 一炮三检　　　　　　　　　　　B. 三人连锁爆破

C. 一炮两检　　　　　　　　　　　D. 二人连锁爆破

63. 不得使用（　　）的爆炸物品。不能使用的爆炸物品必须交回爆炸物品库。

A. 过期　　　　　B. 变质　　　　　C. 受潮　　　　　D. 硬化

64. 采用架空乘人装置运送人员时，应设置（　　）保护。

A. 超速　　　　　B. 打滑　　　　　C. 全程急停　　　D. 防脱绳

65. 倾斜井巷内使用串车提升时，必须安设的挡车装置有（　　）。

A. 阻车器　　　　　　　　　　　　B. 挡车栏

C. 信号装置　　　　　　　　　　　D. 跑车防护装置

66. 不得在罐笼同一层内（　　）混合提升。

A. 人员　　　　　B. 木料　　　　　　C. 火药　　　　　D. 电雷管

67. 提升装置必须装设（　　）安全保护。

A. 过卷　　　　　B. 超速　　　　　　C. 限速　　　　　D. 减速功能

68. 矿井两回路电源线路，下列描述正确的是（　　）。

A. 来自两个不同变电站

B. 来自单一电源进线的同一个变电站的两段母线

C. 来自不同电源进线的同一变电站的两段母线

D. 来自不同电源进线的同一变电站的同一段母线

69. 下列地点应装设局部接地极（　　）。

A. 采区变电所（包括移动变电站和移动变压器）

B. 装有电气设备的硐室和单独装设的高压电气设备

C. 低压配电点或装有 3 台以上电气设备的地点

D. 连接高压动力电缆的金属连接装置

70. 安全监控系统发出（　　）等信息时，应采取措施，及时处理，并立即向值班矿领导汇报；处理过程和结果应记录备案。

A. 报警　　　　　B. 断电　　　　　　C. 馈电异常　　　D. 设备故障

71. 安装移动通信系统的矿井，（　　）功能是通信系统应具有的。

A. 选呼　　　　　　　　　　　　　　B. 组呼

C. 全呼　　　　　　　　　　　　　　D. 通信记录存储和查询

72. 安装图像监视系统的矿井，应在矿调度室设置集中显示装置，并具有（　　）功能。

A. 编辑　　　　　B. 存储　　　　　　C. 查询　　　　　D. 录音

73. 井工煤矿炮采工作面应采用湿式钻眼、（　　）等综合防尘措施。

A. 冲洗煤壁　　　B. 水炮泥　　　　　C. 黄泥　　　　　D. 出煤洒水

74. 有下列病症之一的，不得从事接尘作业。（　　）

A. 肺外结核病　　　　　　　　　　　B. 严重的上呼吸道疾病

C. 严重的支气管疾病　　　　　　　　D. 骨质增生

75. 任何人不得调动（　　）从事与应急救援无关的工作。

A. 应急物质　　　B. 矿山救护队　　　C. 救援装备　　　D. 救护车辆

76. 任何人不得挪用紧急避险设施内的（　　）。

A. 设备　　　　　B. 材料　　　　　　C. 工具　　　　　D. 物品

77. 煤矿发生险情或事故时，井下人员应按（　　）撤离险区。

A. 应急预案　　　B. 应急指令　　　　C. 事故原因　　　D. 事故性质

78. 救援指挥部应根据（　　）、可能存在的危险因素以及救援的人力和物力，制定抢救方案和安全保障措施。

　　A. 灾害性质　　　　　　　　　B. 事故发生地点

　　C. 波及范围　　　　　　　　　D. 灾区人员分布

79. 煤矿企业应及时编绘反映煤矿实际的（　　），建立健全煤矿地测工作规章制度。

　　A. 地质资料　　　　　　　　　B. 地质图件

　　C. 地质说明书　　　　　　　　D. 地质工作责任制

80. 煤矿建设、生产阶段，必须对揭露的（　　）等进行观测及描述。

　　A. 煤层　　　　B. 断层　　　　C. 褶皱　　　　D. 岩浆岩体

81. 安全出口应经常（　　），保持畅通。

　　A. 清理　　　　B. 检查　　　　C. 维护　　　　D. 完好

82. 倾角在25°以上的（　　）、上山和下山的上口，必须设防止人员、物料坠落的设施。

　　A. 小眼　　　　B. 煤仓　　　　C. 溜煤（矸）眼　D. 人行道

83. 判定有冲击地压危险时，应立即（　　）。在实施解危措施、确认危险解除后方可恢复正常作业。

　　A. 停止作业　　　　　　　　　B. 撤出人员

　　C. 切断电源　　　　　　　　　D. 报告矿调度室

84. 采煤工作面必须加大（　　）超前支护范围和强度。

　　A. 上下出口　　　　　　　　　B. 巷道

　　C. 工作面回风巷　　　　　　　D. 工作面运输巷

85. 采煤工作面、掘进中的煤巷和半煤岩巷允许风速为（　　）。

　　A. 最高1.0 m/s　B. 最高4.0 m/s　　C. 最低0.15 m/s　D. 最低0.25 m/s

86. 新井投产前必须进行1次矿井（　　）测定，以后每3年至少测定1次。

　　A. 风量　　　　B. 通风　　　　C. 风速　　　　D. 阻力

87. 矿井通风系统图必须标明（　　）和通风设施的安装地点。

　　A. 风流方向　　B. 风速大小　　C. 风量　　　　D. 风压

88. 主要通风机必须安装在地面；装有通风机的井口必须封闭严密，其外部漏风率在无提升设备时和有提升设备时分别不得超过（　　）。

　　A. 5%　　　　　B. 15%　　　　C. 20%　　　　　D. 25%

89. 主要通风机停止运转时，必须立即（　　），工作人员先撤到进风巷道中。

　　A. 停止工作　　B. 停止爆破　　C. 切断电源　　D. 切断水管

90. 准备采区，必须在采区构成通风系统后，方可开掘其他巷道；采用倾斜长壁布置的，大巷必须至少超前 2 个区段，并构成通风系统后，方可开掘其他巷道。采煤工作面必须在采（盘）区构成完整的（ ）系统后，方可回采。

    A. 通风 　　　　 B. 排水 　　　　 C. 运输 　　　　 D. 监控

91. （ ）的掘进通风方式必须采用压入式。

    A. 瓦斯喷出区域 　 B. 容易自燃煤层 　 C. 突出煤层 　　 D. 自燃煤层

92. 必须采用（ ）风筒。

    A. 金属风筒 　　 B. 抗静电 　　　 C. 柔性风筒 　　 D. 阻燃

93. 高瓦斯矿井、突出矿井的煤巷、半煤岩巷和有瓦斯涌出的岩巷掘进工作面正常工作的局部通风机必须配备安装同等能力的备用局部通风机，并能自动切换。正常工作的局部通风机必须采用（ ）供电。

    A. 专用开关 　　 B. 专用变电所 　 C. 专用电缆 　　 D. 专用变压器

94. 井下爆炸物品库必须有独立的通风系统，回风风流必须直接引入矿井的（ ）中。

    A. 人风井筒 　　 B. 总回风巷 　　 C. 主要回风巷 　 D. 回风绕道

95. 矿井瓦斯等级，根据矿井相对瓦斯涌出量、矿井绝对瓦斯涌出量、工作面绝对瓦斯涌出量和瓦斯涌出形式划分为（ ）。

    A. 瓦斯矿井 　　 B. 低瓦斯矿井 　 C. 高瓦斯矿井 　 D. 突出矿井

96. 高瓦斯、突出矿井不再进行周期性瓦斯等级鉴定工作，但应每年测定和计算（ ）瓦斯和二氧化碳涌出量。

    A. 矿井 　　　　 B. 采区 　　　　 C. 煤层 　　　　 D. 工作面

97. 矿井总回风巷或一翼回风巷中甲烷或二氧化碳浓度超过 0.75% 时，必须立即（ ）。

    A. 停止工作 　　 B. 查明原因 　　 C. 进行处理 　　 D. 撤出人员

98. 在排放瓦斯过程中，排出的瓦斯与全风压风流混合处的（ ）浓度均不得超过 1.5%，且混合风流经过的所有巷道内必须停电撤人，其他地点的停电撤人范围应在措施中明确规定。

    A. 甲烷 　　　　 B. 一氧化碳 　　 C. 二氧化碳 　　 D. 氧气

99. 井下（ ）的支护和风门、风窗必须采用不燃性材料。

    A. 爆炸物品库 　 B. 机电设备硐室 　 C. 检修硐室 　　 D. 材料库

100. 爆炸物品必须装在（ ）的非金属容器内，不得将电雷管和炸药混装。严禁将爆炸物品装在衣袋内。领到爆炸物品后，应直接送到工作地点，严禁中途逗留。

A. 耐压　　　　B. 抗撞冲　　　　C. 防震　　　　D. 防静电

101. 爆炸物品箱必须放在（　　）地方，避开有机械、电气设备的地点。

A. 顶板完好　　　　　　　　　　B. 支护完整

C. 主要运输巷道　　　　　　　　D. 主要回风巷道

102. 下列地点应装设局部接地极（　　）。

A. 采区变电所（包括移动变电站和移动变压器）

B. 装有电气设备的硐室和单独装设的高压电气设备

C. 低压配电点或装有 3 台以上电气设备的地点

D. 连接高压动力电缆的金属连接装置

103. 井工煤矿应向矿山救护队提供（　　）、灾害预防和处理计划以及应急预案。

A. 采掘工程平面图　　　　　　　B. 矿井通风系统图

C. 井上下对照图　　　　　　　　D. 井下避灾路线图

104. 突出与冲击地压煤层，应在（　　）等地点，至少设置 1 组压风自救装置。

A. 爆破地点　　　　　　　　　　B. 撤离人员与警戒人员所在位置

C. 回风巷有人作业处　　　　　　D. 距采掘工作面 25~40 m 的巷道内

105. 矿山救护队必须配备救援车辆及通信、（　　）等救援装备，建有演习训练等设施。

A. 灭火　　　　B. 侦察　　　　C. 气体分析　　　　D. 个体防护

106. 使用局部通风机通风的掘进工作面，因检修、停电、故障等原因停风时，必须将人员全部撤至全风压进风流处，（　　），禁止人员入内。

A. 切断电源　　　B. 设置密闭　　　C. 设置栅栏　　　D. 警示标志

107.（　　）的每条联络巷中，必须砌筑永久性风墙。

A. 进、回风井之间　　　　　　　B. 主要进、回风巷之间

C. 主要硐室之间　　　　　　　　D. 采掘工作面之间

108. 下列哪些人员下井时必须携带便携式甲烷检测报警仪（　　）。

A. 采掘区队长　　　B. 班长　　　C. 爆破工　　　D. 流动电钳工

109. 在（　　）上必须标绘出井巷出水点的位置及其涌水量、积水的井巷及采空区的积水范围。

A. 水文地质剖面图　　　　　　　B. 采掘工程平面图

C. 通风系统图　　　　　　　　　D. 矿井充水性图

110. 作业场所和工作岗位存在的（　　）等，从业人员有权了解并提出建议。

A. 危险有害因素及防范措施　　　B. 事故应急措施

C. 职业病危害及其后果　　　　　　　D. 职业病危害防护措施

111. 煤矿必须制定本单位的（　　　）。

　　A. 作业规程　　　B. 检修规程　　　C. 操作规程　　　D. 安全规程

112. 从业人员必须遵守煤矿（　　　），严禁违章指挥、违章作业。

　　A. 安全生产规章制度　　　　　　　B. 作业规程

　　C. 矿区保安制度　　　　　　　　　D. 操作规程

113. 放顶人员必须站在支架完整，无（　　　）等危险的安全地点工作。

　　A. 无崩绳　　　B. 崩柱　　　　　　C. 甩钩　　　　　D. 断绳抽人

114. 水采时，相邻回采巷道及工作面回风巷之间必须开凿联络巷，用以（　　　）。

　　A. 通风　　　　　B. 运料　　　　　C. 行人　　　　　D. 运煤

115. 采用综合机械化采煤时，处理倒架、歪架、压架，更换支架以及拆修（　　　）等大型部件时必须有安全措施。

　　A. 顶梁　　　　　B. 支柱　　　　　C. 座箱　　　　　D. 挡煤板

116. 使用掘进机掘进，（　　　）时，必须发出声光报警信号。

　　A. 开机　　　　　B. 退机　　　　　C. 调机　　　　　D. 关机

117. 移动刮板输送机时，必须有（　　　）的安全措施。

　　A. 防止冒顶　　　B. 顶伤人员　　　C. 损坏设备　　　D. 碰倒支架

118. 维修井巷支护时，必须有安全措施。严防顶板冒落（　　　）。

　　A. 伤人　　　　　B. 堵人　　　　　C. 支架歪倒　　　D. 支架失效

119. 开采（　　　）的煤层或在距离突出煤层垂距小于 10 m 的区域掘进施工时，严禁任何 2 个工作面之间串联通风。

　　A. 高瓦斯　　　B. 瓦斯喷出　　　C. 低瓦斯　　　　D. 突出危险

120. 当瓦斯超限达到停电值时，（　　　）有权责令现场作业人员停止作业，停电撤人。

　　A. 矿值班领导　　B. 瓦检工　　　C. 矿调度员　　　D. 班组长

121. 井下所有（　　　）都应保持一定的存煤，不得放空。

　　A. 储煤库　　　　B. 煤仓　　　　C. 装煤眼　　　　D. 溜煤眼

122. 爆破母线和连接线、电雷管脚线和连接线、脚线和脚线之间的接头相互扭紧并悬空，不得与（　　　）刮板输送机等导电体接触。

　　A. 轨道　　　　　B. 金属管　　　C. 金属网　　　　D. 钢丝绳

123. 煤矿企业应为接触职业病危害因素的从业人员提供符合要求的个体防护用品，并（　　　）其正确使用。

A. 规定   B. 强制   C. 指导   D. 督促

124. 液压支架和放顶煤工作面的放煤口，必须安装喷雾装置，（   ）或放煤时同步喷雾。

A. 运煤   B. 降柱   C. 移架   D. 检修

125. 煤矿企业必须按照国家有关规定，对从业人员（   ）进行职业健康检查，建立职业健康档，并将检查结果书面告知从业人员。

A. 上岗前   B. 工作期间   C. 在岗期间   D. 离岗时

126. 井下作业人员必须熟练掌握（   ）的使用方法。

A. 自救器   B. 矿灯

C. 瓦斯检定器   D. 紧急避险设施

127. 煤电钻必须使用具有漏电闭锁、（   ）和远距离控制功能的综合保护装置。

A. 检漏   B. 短路   C. 过负荷   D. 断相

128. 巷道贯通前应制定贯通专项措施。停掘的工作面必须保持正常通风，设置（   ），每班必须检查风筒的完好状况和工作面及其回风流中的瓦斯浓度，并安设甲烷传感器，瓦斯超限时，必须立即处理。

A. 密闭   B. 栅栏   C. 风门   D. 警标

129. 在有瓦斯喷出或有突出危险的矿井中，开拓新水平和准备新采区时，必须先在（   ）的煤（岩）层中掘进巷道并构成通风系统，为构成通风系统的掘进巷道的回风，可以引入生产水平的进风中。

A. 有瓦斯喷出   B. 无瓦斯喷出   C. 有突出危险   D. 无突出危险

130. 矿井在（   ）相邻正在开采的采煤工作面沿空送巷时，采掘工作面严禁同时作业。

A. 同一煤层   B. 同翼   C. 同一采区   D. 同一水平

131. 岩巷掘进遇到煤线或接近地质破坏带时，必须有专职瓦斯检查工经常检查瓦斯，发现瓦斯大量增加或其他异常时，必须（   ）。

A. 停止掘进   B. 撤出人员   C. 进行处理   D. 切断电源

132. 突出煤层的采掘工作应严禁采用（   ）。

A. 水力采煤法   B. 倒台阶采煤法

C. 走向长壁采煤法   D. 非正规采煤法

133. 突出煤层工作面有突出预兆时，必须立即（   ），并报告矿调度室。

A. 停止作业   B. 采取措施

C. 进行处理   D. 按避灾路线撤出

134. 突出煤层的（　　　）进风侧必须设置至少 2 道牢固可靠的反向风门。
   A. 石门揭煤　　　　　　　　　　B. 煤巷掘进工作面
   C. 岩巷掘进工作面　　　　　　　D. 半煤岩巷掘进工作面

135. 煤矿作业人员必须熟悉应急预案和避灾路线，具有（　　　）知识。
   A. 自救互救　　B. 安全避险　　C. 采掘工程　　D. 机电运输

136. 煤矿发生险情或事故后，现场人员应进行（　　　），并报矿调度室。
   A. 自救　　　　B. 互救　　　　C. 事故处理　　D. 向矿长汇报

137. 所有矿井必须装备（　　　）。
   A. 安全监控系统　　　　　　　　B. 人员位置监测系统
   C. 图像监视系统　　　　　　　　D. 有线调度通信系统

138. 容易碰到的、裸露的带电体及机械外露的（　　　）部分必须加装护罩或遮栏等防护设施。
   A. 转动　　　　B. 旋转　　　　C. 传动　　　　D. 运动

139. 井工煤矿掘进机作业时，应采用（　　　）及通风除尘等综合措施。掘进机无水或喷雾装置不能正常使用时，必须停机。
   A. 内喷雾　　　　B. 外喷雾　　　　C. 洒水灭尘　　　　D. 净化风流

140. 以下地点必须设置甲烷传感器。（　　　）
   A. 低瓦斯矿井的采煤工作面回风隅角
   B. 瓦斯抽采泵输出管路中
   C. 采用串联通风时，被串掘进工作面的局部通风机前
   D. 井下临时瓦斯抽采泵站上风侧栅栏外

141. 制采区设计、采掘作业规程时，必须对（　　　）设备的种类、数量和位置，信号、通信、电源线缆的敷设，安全监控系统的断电区域等作出明确规定。
   A. 安全监控　　　　　　　　　　B. 人员位置监测
   C. 有线调度通信　　　　　　　　D. 井下移动通信

142. （　　　）系统主机及联网主机必须双机热备份，连续运行。
   A. 井下移动通信　　B. 人员位置监测　　C. 有线调度通信　　D. 安全监控

143. 安全监控系统必须具备（　　　）功能。
   A. 甲烷电闭锁　　B. 风电闭锁　　　C. 显示　　　D. 安全监控

144. 改接或拆除与安全监控设备关联的（　　　）时，必须与安全监控管理部门共同处理。
   A. 电气设备　　B. 电源线　　　C. 分站　　　D. 控制线

145. （　　　）功能每 15 天至少测试 1 次。

A. 馈电异常报警　　B. 甲烷电闭锁　　　C. 风电闭锁　　　　D. 故障闭锁

146. 必须每天检查安全监控设备及线缆是否正常，使用（　　）与甲烷传感器进行对照，并将记录和检查结果报矿值班员。

A. 便携式光学甲烷检测仪　　　　　　B. 风表

C. 一氧化碳检测报警仪　　　　　　　D. 便携式甲烷检测报警仪

147. 必须设专职人员负责便携式甲烷检测仪的（　　），不符合要求的严禁发放使用。

A. 调校　　　　　　B. 清洁　　　　　　C. 维护　　　　　　D. 收发

148. 串联通风的被串采煤工作面进风巷安设的甲烷传感器断电范围为（　　）内全部非本质安全型电气设备。

A. 被串采煤工作面　　　　　　　　　B. 采区进风巷

C. 被串采煤工作面回风巷　　　　　　D. 被串采煤工作面进风巷

149. 低瓦斯和高瓦斯矿井的采煤工作面安设的甲烷传感器，其断电范围为（　　）内全部非本质安全型电气设备。

A. 工作面　　　　　　　　　　　　　B. 工作面进风巷

C. 工作面回风巷　　　　　　　　　　D. 采区进回风巷

150. 低瓦斯和高瓦斯矿井的（　　）必须安设甲烷传感器。

A. 采区回风巷　　　　　　　　　　　B. 一翼回风巷

C. 总回风巷　　　　　　　　　　　　D. 采区进回风巷

151. 以下地点必须设置甲烷传感器。（　　）

A. 高瓦斯矿井采煤工作面的进风巷　　B. 低瓦斯矿井的采区回风巷

C. 地面瓦斯抽采泵房　　　　　　　　D. 井下临时瓦斯抽采泵站

152. 以下地点必须设置甲烷传感器。（　　）

A. 低瓦斯矿井的采煤工作面回风隅角

B. 瓦斯抽采泵输出管路中

C. 采用串联通风时，被串掘进工作面的局部通风机前

D. 井下临时瓦斯抽采泵站上风侧栅栏外

153. 突出矿井在以下地点必须设置甲烷传感器。（　　）

A. 采煤工作面回风隅角　　　　　　　B. 采区回风巷

C. 采煤工作面进风巷　　　　　　　　D. 总进风巷

154. 井下以下设备必须设置甲烷断电仪或便携式甲烷检测报警仪。（　　）

A. 采用防爆蓄电池的运输设备

B. 采用防爆柴油机为动力装置的运输设备

C. 梭车

D. 掘锚一体机

155. 突出矿井以下地点必须设置风向传感器。（　　）

 A. 突出煤层采煤工作面进风巷   B. 总回风巷

 C. 突出煤层掘进工作面进风的分风口 D. 一翼进风巷

156. 以下地点应设置风速传感器。（　　）

 A. 采区回风巷的测风站   B. 一翼回风巷的测风站

 C. 总回风巷的测风站   D. 低瓦斯矿井采煤工作面回风巷

157. 使用防爆柴油动力装置的矿井及开采（　　）的矿井，应设置一氧化碳传感器和温度传感器。

 A. 容易自燃   B. 自燃煤层   C. 不易自燃   D. 其他

158. 瓦斯抽采泵站的抽采泵吸入管路中应设置（　　）。

 A. 流量传感器   B. 温度传感器   C. 压力传感器   D. 开停传感器

159. 以下（　　）地点应设置读卡分站。

 A. 各个人员出入井口   B. 重点区域出入口

 C. 限制区域   D. 局部通风机安装地点

160. 人员位置监测系统应具备检测标识卡（　　）功能。

 A. 是否有电   B. 是否正常   C. 是否唯一性   D. 是否被淋水

161. 关于人员位置监测系统，下列说法正确的是（　　）。

 A. 矿调度室值班员应监视人员位置等信息

 B. 低瓦斯矿井可以不安设人员位置监测系统

 C. 每半年对人员位置监测等数据进行备份

 D. 矿调度室值班员应填写运行日志

162. 有线调度通信系统应具有（　　）等功能。

 A. 选呼、急呼   B. 全呼、强插   C. 强拆   D. 录音

163. 以下地点必须设有直通矿调度室的有线调度电话。（　　）

 A. 采区和水平最高点   B. 地面主要通风机房

 C. 主副井提升机房   D. 采区变电所

164. 以下地点必须设有直通矿调度室的有线调度电话。（　　）

 A. 避难硐室   B. 爆炸物品库   C. 瓦斯抽采泵房 D. 井底车场

165. 抽采瓦斯泵房必须有直通矿调度室的电话和检测管道瓦斯（　　）等参数的仪表或自动监测系统。

 A. 浓度   B. 流量   C. 温度   D. 压力

166. 开采有煤尘爆炸危险煤层的矿井，必须有（　　）的措施。

    A. 预防煤尘爆炸　　　　　　　　B. 隔绝煤尘爆炸

    C. 抑制煤尘爆炸　　　　　　　　D. 限制煤尘爆炸

167. 煤矿的所有地面（　　）等处的防火措施和制度，必须符合国家有关防火的规定。

    A. 建（构）筑物　　　　　　　　B. 煤堆

    C. 矸石山　　　　　　　　　　　D. 木料场

168. 采用轨道机车运输时，机车司机离开座位时，应（　　）。

    A. 切断电机电源　　　　　　　　B. 取下控制手把

    C. 扳紧车闸　　　　　　　　　　D. 关闭车灯

169. 井巷中，用人车运送人员时，乘车人员必须遵守的规定有（　　）。

    A. 听从指挥

    B. 严禁超员乘坐

    C. 严禁扒车、跳车

    D. 人体及所携带的工具严禁露出车外

170. 立井罐笼提升（　　）运输巷的安全门必须与罐位和提升信号联锁。

    A. 井口　　　　B. 井底　　　　C. 中间　　　　D. 回风

171. 矿井必须备有井上下配电系统图、井下电气设备布置示意图和供电线路平面敷设示意图，并随着情况变化定期填绘。图中应注明设备的（　　）等主要技术参数及其他技术性能指标。

    A. 电压　　　　B. 型号　　　　C. 容量　　　　D. 电流

172. 下列地点应装设局部接地极（　　）。

    A. 采区变电所

    B. 装有电气设备的硐室和单独装设的高压电气设备

    C. 低压配电点或装有 3 台以上电气设备的地点

    D. 连接高压动力电缆的金属连接装置

173. 井下用电池（包括原电池和蓄电池）应遵守以下规定：串联或并联的电池组应保持厂家、（　　）的一致性。

    A. 型号　　　　B. 规格　　　　C. 完整　　　　D. 相同

174. 使用蓄电池的设备充电应遵守以下规定（　　）。

    A. 充电设备与蓄电池匹配

    B. 充电设备接口应具有防反向充电保护措施

    C. 便携式设备应在地面充电

　　D. 监控、通信、避险等设备的备用电源可就地充电，应有防过充等保护措施

175. 矿井必须根据险情或事故情况下矿工避险的实际需要，建立井下紧急撤离和避险设施，并与（　　）等系统结合，构成井下安全避险系统。

　　A. 监测监控　　　B. 人员位置监测　　C. 矿井通风　　　D. 通信联络

176. 控制风流的（　　）等设施必须可靠。

　　A. 风门　　　　　B. 风桥　　　　　C. 风墙　　　　　D. 风窗

177. 井下高压电动机、动力变压器的高压控制设备，应具有（　　）释放保护。

　　A. 短路　　　　　B. 过负荷　　　　C. 接地　　　　　D. 欠压

178. 井下各水平以下地点（　　）的供电线路，不得少于两回路。

　　A. 中央变（配）电所　　　　　　　B. 采（盘）区变（配）电所

　　C. 主排水泵房　　　　　　　　　　D. 下山开采的采区排水泵房

179. 使用架线电机车运输的巷道中及沿巷道的机电设备硐室内可以采用矿用一般型电气设备，包括（　　）。

　　A. 照明灯具　　　　　　　　　　　B. 检测

　　C. 通信　　　　　　　　　　　　　D. 自动控制的仪表、仪器

180. 操作高压电气设备主回路时，操作人员必须（　　）或站在绝缘台上。

　　A. 戴绝缘手套　　B. 穿电工绝缘靴　　C. 切断电源　　　D. 停止送电

181. 容易碰到的、裸露的带电体及机械外露的转动和传动部分必须加装（　　）等防护设施。

　　A. 监控　　　　　B. 护罩　　　　　C. 遮拦　　　　　D. 视频

182. 井下（　　）的额定电压等级应符合相关标准。

　　A. 各级配电电压　　　　　　　　　B. 中央变电所

　　C. 采区变电所　　　　　　　　　　D. 各种电气设备

183. 防爆电气设备到矿验收时，应检查（　　），并核查与安全标志审核的一致性。

　　A. 产品合格证　　　　　　　　　　B. 产品质量

　　C. 生产日期　　　　　　　　　　　D. 煤矿矿用产品安全标志

184. 机电硐室内的设备，必须（　　），并有停送电的标志。

　　A. 摆放整齐　　　B. 分别编号　　　C. 标明日期　　　D. 标明用途

185. 地面固定式架空高压电力线路，架空线不得（　　）物的仓储区域，与地面、建筑物、树木、道路、河流及其他架空线等间距应符合国家有关规定。

　　A. 高出　　　　　B. 跨越　　　　　C. 易燃　　　　　D. 易爆

186. 溜放（　　）的溜道中严禁敷设电缆。

  A. 煤   B. 矸   C. 材料   D. 设备

187. 在下列地点可采用铝芯电缆；其他地点必须采用铜芯电缆。（　　）

  A. 进风斜井   B. 井底车场及其附近

  C. 中央变电所至采区变电所之间 D. 采煤工作面

188. 井下巷道内的电缆，沿线每隔一定距离、拐弯或分支点以及连接不同直径电缆的接线盒两端、穿墙电缆的墙的两边都应设置注有（　　）的标志牌。

  A. 编号   B. 用途   C. 电压   D. 截面

189. 塑料电缆连接处的机械强度以及（　　）等性能，应符合该型矿用电缆的技术标准。

  A. 电气   B. 防潮密封   C. 防锈蚀   D. 老化

190. 不同型电缆之间严禁直接连接，必须经过符合要求的（　　）进行连接。

  A. 接线盒   B. 连接器   C. 分配器   D. 母线盒

191. 地面的通风机房（　　）等必须设有应急照明设施。

  A. 矿调度室   B. 绞车房   C. 压风机房   D. 变电所

192. 矿灯应保持完好，出现亮度不够、（　　）、玻璃破裂等情况时，严禁发放。

  A. 电线破损   B. 灯锁失效   C. 灯头密封不严 D. 灯头圈松动

193. 矿灯房取暖应用（　　）设备，禁止采用明火取暖。

  A. 蒸汽   B. 热水管式   C. 电炉   D. 燃气

194. （　　）应装设局部接地极。

  A. 采区变电所（包括移动变电站和移动变压器）

  B. 装有电气设备的硐室和单独装设的高压电气设备

  C. 低压配电点或装有 3 台以上电气设备的地点

  D. 连接高压动力电缆的金属连接装置

195. 所有进入库区人员严禁携带（　　）等违禁品，单个储存库应配备至少两个 5 kg 及以上的磷酸铵盐干粉灭火器。

  A. 手机   B. 烟火   C. 灭火器   D. 砂箱

196. 分库的炸药发放间内可临时保存爆破工的空（　　）。

  A. 爆炸物品箱 B. 发爆器   C. 背包   D. 工作服

197. 井下用机车运输爆炸物品时，（　　）应坐在尾车内，严禁其他人员乘车。列车的行驶速度不得超过 2 m/s。

  A. 跟车工   B. 护送人员   C. 装卸人员   D. 维修人员

198. 运输电雷管的车辆必须（　　），车厢内以软质垫物塞紧，防止震动、撞击。

    A. 加盖   B. 加垫   C. 震动   D. 撞击

199. 在采掘工作面，必须使用煤矿许用（　　　）。

    A. 导爆索

    B. 瞬发电雷管、煤矿许用毫秒延期电雷管

    C. 许用数码电雷管

    D. 导火索

200. 装配起爆药卷时必须在顶板完好、支护完整，避开（　　　）的爆破工作地点附近进行。

    A. 支护完整   B. 电气设备   C. 导电体   D. 爆炸物品箱

201. 装药后，必须把电雷管脚线悬空，严禁（　　　）等导电体相接触。

    A. 爆破工   B. 电雷管脚线

    C. 爆破母线   D. 机械电气设备

202. 炮眼内发现异状、（　　　）、透老空等情况，严禁装药、爆破。

    A. 积煤   B. 温度骤高骤低   C. 瓦斯涌出   D. 煤岩松散

203. 爆破前，必须加强对（　　　）等的保护。

    A. 机电设备   B. 液压支架   C. 电缆   D. 刮板输送机

204. 发爆器必须统一（　　　）。必须定期校验发爆器的各项性能参数，并进行防爆性能检查。严禁使用不符合规定的发爆器。

    A. 管理   B. 发放   C. 领取   D. 交库

205. 爆破母线（　　　）工作，只准爆破工一人操作。

    A. 吊挂   B. 连接脚线   C. 检查线路   D. 通电

206. （　　　）附近 30 m 范围内，严禁爆破。

    A. 爆炸物品库   B. 爆炸物品发放硐室

    C. 消防材料库   D. 压风硐室

207. 开凿或延深立井井筒，向井底工作面运送爆炸物品和在井筒内装药时，除负责（　　　）外，其他人员必须撤到地面或上水平巷道中。

    A. 装药爆破的人员   B. 信号工

    C. 看盘工   D. 水泵司机

208. （　　　）立井井筒中的装配起爆药卷工作，必须在地面专用的房间内进行。

    A. 掘进   B. 恢复   C. 开凿   D. 延深

209. 在开凿或延深立井井筒时，只有在爆破工完成装药和连线工作，将所有井盖门打开，（　　　）内的人员全部撤出，设备、工具提升到安全高度以后，

方可起爆。

  A. 井筒   B. 井口房   C. 设备   D. 工具

210. 井下爆炸物品库必须采用（   ），电压不得超过 127 V，严禁在贮存爆炸物品的硐室或壁槽内安设照明设备。

  A. 矿用防爆型（矿用增安型除外）照明设备

  B. 照明线必须使用阻燃电缆

  C. 矿灯

  D. 电炉

211. 发放的爆炸物品必须是有效期内的合格产品，并且雷管应严格按同一（   ）进行发放。

  A. 生产日期   B. 厂家   C. 达到要求   D. 品种

212. 电雷管必须装在（   ）的车厢内，车厢内部应铺有胶皮或麻袋等软质垫层，并只准放置 1 层爆炸物品箱。

  A. 专用的   B. 带盖的   C. 有木质隔板   D. 非金属

213. 所有爆破人员，包括（   ），必须熟悉爆炸物品性能和本规程规定。

  A. 爆破   B. 送药   C. 装药人员   D. 瓦检员

214. 炮眼封泥必须使用水炮泥，水炮泥外剩余的炮眼部分应用（   ）的炮泥封实。

  A. 黏土炮泥   B. 不燃性

  C. 可塑性松散材料制成   D. 煤块

215. 关于炮眼深度和炮眼的封泥长度叙述正确的是（   ）。

  A. 炮眼深度为 0.6~1 m 时，封泥长度不得小于炮眼深度的 1/2

  B. 炮眼深度超过 1 m 时，封泥长度不得小于 0.5 m

  C. 炮眼深度超过 2.5 m 时，封泥长度不得小于 1 m

  D. 深孔爆破时，封泥长度不得小于孔深的 1/3

216. 装药前和爆破前有下列情况之一的，严禁装药、爆破（   ）。

  A. 爆破地点附近 20 m 以内风流中瓦斯浓度达到或超过 1.0%

  B. 在爆破地点 20 m 以内，矿车、未清除的煤（矸）或其他物体堵塞巷道断面 1/3 以上

  C. 炮眼内发现异状、温度骤高骤低、有显著瓦斯涌出、煤岩松散、透老空等情况

  D. 采掘工作面风量不足

217. 爆破母线和连接线应符合下列要求（   ）。

A. 巷道掘进时，爆破母线应随用随挂。不得使用固定爆破母线，特殊情况下，在采取安全措施后可不受此限

B. 爆破母线与电缆应分别挂在巷道的两侧。如果必须挂在同一侧，爆破母线必须挂在电缆的下方，并应保持 0.3 m 以上的距离

C. 只允许采用绝缘母线单回路爆破，严禁用轨道、金属管、金属网、水或大地等作为回路

D. 爆破前，爆破母线必须扭结成短路

218. 爆破后，必须立即将（　　）母线并扭结成短路。

A. 发爆器　　　　　　　　　B. 电缆

C. 把手或钥匙拔出　　　　　D. 摘掉

219. 处理拒爆时，必须遵守下列规定（　　）。

A. 由于连线不良造成的拒爆，可重新连线起爆

B. 在距拒爆炮眼 0.3 m 以外另打与拒爆炮眼平行的新炮眼，重新装药起爆

C. 处理拒爆的炮眼爆炸后，爆破工必须详细检查炸落的煤、矸，收集未爆的电雷管

D. 在拒爆处理完毕以前，严禁在该地点进行与处理拒爆无关的工作

220. 下列叙述正确的是（　　）。

A. 在开凿或延深立井井筒时，必须在地面或在生产水平巷道内进行起爆

B. 在爆破母线与电力起爆接线盒引线接通之前，井筒内所有电气设备必须断电

C. 爆破通风后，必须仔细检查井筒，清除崩落在井圈上、吊盘上或其他设备上的矸石

D. 爆破后乘吊桶检查井底工作面时，吊桶不得蹾撞工作面

221. 下列叙述正确的是（　　）。

A. 建有爆炸物品制造厂的矿区总库，所有库房贮存各种炸药的总容量不得超过该厂 1 个月生产量，雷管的总容量不得超过 3 个月生产量

B. 没有爆炸物品制造厂的矿区总库，所有库房贮存各种炸药的总容量不得超过由该库所供应的矿井 2 个月的计划需要量，雷管的总容量不得超过 6 个月的计划需要量

C. 建有爆炸物品制造厂的矿区总库，单个库房的最大容量：炸药不得超过 200 t，雷管不得超过 500 万发

D. 地面分库所有库房贮存爆炸物品的总容量：炸药不得超过 75 t，雷管不得超过 25 万发。单个库房的炸药最大容量不得超过 25 t。地面分库贮存

各种爆炸物品的数量，不得超过由该库所供应矿井 3 个月的计划需要量

222. 开凿平硐或利用已有平硐作为爆炸物品库时，必须遵守下列规定（　　　）。

A. 硐口必须装有向外开启的 2 道门，由外往里第一道门为包铁皮的木板门，第二道门为栅栏门

B. 硐口到最近贮存硐室之间的距离超过 15 m 时，必须有 2 个入口

C. 硐口前必须设置横堤，横堤必须高出硐口 1.5 m，横堤的顶部长度不得小于硐口宽度的 3 倍，顶部厚度不得小于 1 m。横堤的底部长度和厚度，应根据所用建筑材料的静止角确定

D. 库房必须采用不燃性材料支护，巷道内采用固定式照明时开关必须设在地面

223. 下列叙述正确的是（　　　）。

A. 直接发放炸药、雷管的地面爆炸物品库必须有专用发放间

B. 分库的炸药发放间内可临时保存爆破工的空爆炸物品箱与发爆器

C. 在分库的雷管发放间内发放雷管时，必须在铺有导电的软质垫层并有边缘突起的桌子上进行

D. 发放硐室可以作休息室

224. 井下爆炸物品库应包括库房、辅助硐室和通向库房的巷道。辅助硐室中，应有（　　　）等的专用硐室。

A. 检查电雷管全电阻　　　　　　　B. 发放炸药

C. 保存爆破工空爆炸物品箱　　　　D. 爆破工休息室

225. 井下爆炸物品库的布置必须符合下列要求（　　　）。

A. 库房距井筒、井底车场、主要运输巷道、主要硐室以及影响全矿井或一翼通风的风门的法向距离：硐室式不得小于 100 m，壁槽式不得小于 60 m

B. 库房距行人巷道的法向距离：硐室式不得小于 35 m，壁槽式不得小于 20 m

C. 库房距地面或上下巷道的法向距离：硐室式不得小于 30 m，壁槽式不得小于 15 m

D. 贮存爆炸物品的各硐室、壁槽的间距，应大于殉爆安全距离

226. 下列叙述正确的是（　　　）。

A. 井下爆炸物品库必须采用砌碹或用非金属不燃性材料支护，不得渗漏水，并应采取防潮措施

B. 爆炸物品库出口两侧的巷道，必须采用砌碹或用不燃性材料支护，支护长度不得小于 5 m

C. 库房必须备有足够数量的消防器材

D. 可以带矿灯进入

227. 下列叙述正确的是（　　　　）。

A. 井下爆炸物品库的最大贮存量，不得超过矿井 3 天的炸药需要量和 10 天的电雷管需要量

B. 每个硐室贮存的炸药量不得超过 2 t，电雷管不得超过 10 天的需要量；每个壁槽贮存的炸药量不得超过 400 kg，电雷管不得超过 2 天的需要量

C. 库房发放爆炸物品硐室允许存放当班待发的炸药，但其最大存放量不得超过 3 箱

D. 贮存爆炸物品的各硐室、壁槽的间距，应大于殉爆安全距离

228. 下列叙述正确的是（　　　　）。

A. 发放硐室必须设在独立通风的专用巷道内，距使用的巷道法向距离不得小于 25 m

B. 发放硐室爆炸物品的贮存量不得超过 1 天的需要量，其中炸药量不得超过 400 kg

C. 炸药和电雷管必须分开贮存，并用不小于 240 mm 厚的砖墙或混凝土墙隔开

D. 发放硐室应有单独的发放间，发放硐室出口处必须设有 1 道能自动关闭的抗冲击波活门

229. 井下用机车运送爆炸物品时，下列叙述正确的是（　　　　）。

A. 炸药和电雷管在同一列车内运输时，装有炸药与装有电雷管的车辆之间以及装有炸药或电雷管的车辆与机车之间，必须用空车分别隔开，隔开长度不得小于 3 m

B. 爆炸物品必须由井下爆炸物品库负责人或经过专门培训的人员专人护送。跟车工、护送人员和装卸人员应坐在尾车内，严禁其他人员乘车

C. 列车的行驶速度不得超过 2 m/s

D. 装有爆炸物品的列车不得同时运送其他物品或工具

230. 装配起爆药卷时，下列叙述正确的是（　　　　）。

A. 必须在顶板完好、支护完整、避开电气设备和导电体的爆破工作地点附近进行。严禁坐在爆炸物品箱上装配起爆药卷。装配起爆药卷数量，以当时爆破作业需要的数量为限

B. 装配起爆药卷必须防止电雷管受震动、冲击，折断电雷管脚线和损坏脚线绝缘层

C. 电雷管必须由药卷的顶部装入，严禁用电雷管代替竹、木棍扎眼。电雷管必须全部插入药卷内。严禁将电雷管斜插在药卷的中部或捆在药卷上

D. 电雷管插入药卷后，必须用脚线将药卷缠住，并将电雷管脚线扭结成短路

231. 由爆炸物品库直接向工作地点用人力运送爆炸物品时，下列叙述正确的是（　　）。

A. 人工背火药可以没有重量限制

B. 电雷管必须由爆破工亲自运送，炸药应由爆破工或在爆破工监护下运送

C. 携带爆炸物品上、下井时，在每层罐笼内搭乘的携带爆炸物品的人员不得超过 4 人，其他人员不得同罐上下

D. 在交接班、人员上下井的时间内，严禁携带爆炸物品人员沿井筒上下

232. 作业场所粉尘浓度要求的粉尘种类有（　　）。

A. 煤尘　　　　B. 石灰尘　　　　C. 矽尘　　　　D. 水泥尘

233. 接触（　　）、毒物、放射线的在岗人员，职业健康检查，每年 1 次。

A. 粉尘　　　　B. 有害气体　　　　C. 噪声　　　　D. 高温

234. 对已确诊的职业病人，应及时给予（　　）和定期检查，并做好职业病报告工作。

A. 补助　　　　B. 治疗　　　　C. 待遇　　　　D. 康复

235. 班组长必须能够在发生险情后第一时间组织矿工（　　）。

A. 开会　　　　B. 自救互救　　　　C. 讨论灾情　　　　D. 安全避险

236. 中华人民共和国领域内从事（　　）活动，必须遵守《煤矿安全规程》。

A. 煤矿设计　　　B. 煤炭生产　　　C. 煤矿建设　　　D. 煤矿评价

237. 煤矿企业必须配备满足煤矿安全生产与职业病危害防治管理工作需要的（　　）。

A. 人员　　　　B. 装备　　　　C. 资金　　　　D. 建筑

238. 按采掘工作面、硐室及其他地点实际需要风量的总和进行计算。各地点的实际需要风量，必须使该地点的风流中的甲烷、二氧化碳和其他有害气体的浓度、（　　）及每人供风量符合本规程的有关规定。

A. 风量　　　　B. 风速　　　　C. 温度　　　　D. 湿度

239. 突出矿井必须确定合理的采掘部署，使煤层的（　　）等有利于区域防突措施的实施。

A. 开采顺序　　B. 采煤方法　　C. 巷道布置　　D. 采掘接替

240. 煤矿企业每年应进行一次作业场所职业病危害因素检测，每 3 年进行一次

职业病危害现状评价。（　　）结果存入煤矿企业职业卫生档案，定期向从业人员公布。

    A. 治疗   B. 诊断   C. 检测   D. 评价

241. 有害气体监测时应选择有代表性的作业地点，其中应包括空气中有害物质浓度最高、（　　）接触时间最长的地点。采样应在正常生产状态下进行。

    A. 采煤工   B. 掘进工   C. 喷浆工   D. 维修工

242. 矿井排水系统应设置（　　）水泵。

    A. 工作   B. 备用   C. 检修   D. 应急

243. 矿井主要水仓应有（　　）。

    A. 主仓   B. 正仓   C. 偏仓   D. 副仓

244. （　　）及排水的配电设备和输电线路，必须经常检查和维护。在每年雨季之前，必须全面检修 1 次。

    A. 水泵   B. 水管   C. 闸阀   D. 开关

245. 倾斜井巷中使用的带式输送机，向上运输时，需要装设（　　）装置。

    A. 防逆转   B. 制动   C. 断带保护   D. 防跑偏

246. 采用钢丝绳牵引带式输送机运输时，应装设（　　）保护装置。

    A. 过速   B. 断带保护

    C. 钢丝绳和输送带脱槽   D. 输送带局部过载

247. 采用轨道机车运输时，机车的（　　）中任何一项不正常或失爆时，机车不得使用。

    A. 灯   B. 警铃（喇叭）

    C. 连接装置或撒沙装置   D. 制动闸

248. 机车行近（　　）时，应减速慢行，并发出警号。

    A. 道岔   B. 弯道、巷道口

    C. 坡度及噪声较大地段   D. 前有车辆或视线受阻地段

249. 每班运送人员前，应检查人车的（　　），并先空载运行 1 次。

    A. 连接装置 B. 座椅   C. 保险链   D. 制动装置

250. 严禁同时运送（　　）的物品，或附挂物料车。

    A. 易燃   B. 易爆   C. 腐蚀性   D. 易碎

251. 运送物料时，开车前把钩工应检查（　　）情况。

    A. 牵引车数 B. 车辆连接   C. 超高   D. 超宽

252. 推车时应时刻注意前方。在（　　）时，推车人应及时发出警号。

    A. 开始推车   B. 停车

C. 掉道 　　　　　　　　　　 D. 有人或有障碍物

253. 从坡度较大的地方向下推车以及接近（　　　）、硐室出口时，推车人应及时发出警号。

A. 道岔 　　　 B. 弯道 　　　 C. 巷道口 　　　 D. 风门

254. 在（　　　）顶上进行检查、检修作业时，罐笼或箕斗顶上必须装设保险伞和栏杆。

A. 罐笼 　　　 B. 箕斗 　　　 C. 人车 　　　 D. 无极绳绞车

255. 钢丝绳悬挂前，应对每根钢丝做（　　　）3 种试验，以公称直径为准对试验结果进行计算和判定是否合格。

A. 拉断 　　　 B. 弯曲 　　　 C. 扭转 　　　 D. 疲劳

256. 在用的（　　　）、钢丝绳牵引带式输送机钢丝绳和井筒悬吊钢丝绳每周应至少检查 1 次。

A. 平衡钢丝绳 　　　　　　　　 B. 罐道绳

C. 防坠器制动绳 　　　　　　　 D. 架空乘人装置钢丝绳

257. 提升钢丝绳（　　　）时，必须立即更换。

A. 断丝数超过规定 　　　　　　 B. 点蚀麻坑形成沟纹

C. 直径缩小量超过规定 　　　　 D. 外层钢丝松动

258. 钢丝绳遭受猛烈拉力时，发现钢丝绳产生（　　　），必须将受损段剁掉或更换全绳。

A. 严重扭曲 　　 B. 严重变形 　　 C. 磨损 　　 D. 断丝

259. 允许使用有接头的钢丝绳的设备是（　　　）。

A. 平巷运输设备 　　　　　　　 B. 钢丝绳牵引带式输送机

C. 无极绳绞车 　　　　　　　　 D. 架空乘人装置

260. 防坠器的（　　　）部分必须经常处于灵活状态。

A. 各个连接 　　 B. 各个传动 　　 C. 螺栓 　　 D. 插销

261. 矿井提升机机械制动系统由（　　　）组成。

A. 制动闸 　　 B. 深度指示器 　　 C. 滚筒 　　 D. 传动机构

262. 主要提升装置应配有（　　　）司机。

A. 正 　　　 B. 副 　　　 C. 备用 　　　 D. 轮休

263. 专门（　　　）的系统应由具备资质的机构每年进行 1 次性能检测，检测合格后方可继续使用。

A. 升降人员 　　　　　　　　　 B. 人与物料混合提升

C. 物料 　　　　　　　　　　　 D. 设备

264. 提升机应装设可靠的（　　　）装置。

    A. 容器位置指示　B. 减速声光示警　　　C. 低速　　　　　　D. 超温

265. 机械制动装置应采用弹簧式，能实现（　　　）。

    A. 常规制动　　　B. 紧急制动　　　　　C. 工作制动　　　　D. 安全制动

266. 提升装置必须具备（　　　）、防坠器和罐道等的检查记录簿。

    A. 提升机　　　　B. 钢丝绳　　　　　　C. 天轮　　　　　　D. 提升容器

267. （　　　）应分别设置在 2 个独立硐室内且应保证独立通风。

    A. 固定式空压机　B. 储气罐　　　　　　C. 安全阀　　　　　D. 压力表

268. 水冷式空气压缩机必须装设有（　　　）。

    A. 断水保护装置　B. 安全阀　　　　　　C. 电流表　　　　　D. 压力表

269. 储气罐上应装有动作可靠的（　　　），并有检查孔，应定期清除风包内的油垢。

    A. 压力表　　　　B. 安全阀　　　　　　C. 放水阀　　　　　D. 电流表

270. 螺杆式和离心式空气压缩机应装设温度保护装置，在超温时能自动切断（　　　）。

    A. 电源　　　　　B. 报警　　　　　　　C. 冷却水　　　　　D. 润滑油

271. 采区变电所应设专人值班，实现地面（　　　）的变电所可不设专人值班，硐室必须关门加锁，并有巡检人员巡回检查。

    A. 控制　　　　　B. 监控　　　　　　　C. 集中监控　　　　D. 图像监视

272. 井下不得带电检修电气设备。严禁带电搬迁非本安型（　　　），采用电缆供电的固定式用电设备不受此限。

    A. 电气设备　　　B. 电缆　　　　　　　C. 开关　　　　　　D. 移动

273. 井下配电系统同时存在（　　　）电压时，配电设备上应明显地标出其电压额定值。

    A. 存有　　　　　B. 3 种　　　　　　　C. 2 种以上　　　　D. 写出

274. 井上、下配电系统图应注明设备的（　　　）、电流等主要技术参数及其他技术性能指标。

    A. 规格　　　　　B. 型号　　　　　　　C. 容量　　　　　　D. 电压

275. 经由地面架空线路引入井下的（　　　），必须在入井处装设防雷电装置。

    A. 供电线路　　　B. 电机车架线　　　　C. 电缆　　　　　　D. 铝线

276. 硐室内有高压电气设备时，（　　　）必须醒目悬挂"高压危险"警示牌。

    A. 入口外　　　　B. 入口处　　　　　　C. 硐室内　　　　　D. 巷道内

277. 在总（　　　）巷及机械提升的进风的倾斜井巷（不包括输送机上、下山）

中不应敷设电力电缆。

  A. 回风巷   B. 进风巷   C. 专用回风   D. 反风

278. 矿井非固定敷设的（ ）电缆，必须采用煤矿用橡套软电缆。

  A. 高压   B. 绝缘   C. 低压   D. 阻燃

279. 在立井井筒或倾角在 30°及其以上的井巷中，电缆应用（ ）或其他夹持装置进行敷设。

  A. 夹子   B. 卡爪   C. 卡箍   D. 吊钩

280.（ ）在巷道同一侧敷设时，必须敷设在管子上方，并保持 0.3 m 以上的距离。

  A. 电缆   B. 供水管   C. 排水管   D. 压风管

281. 电缆悬挂点间距，在（ ）内不得超过 3 m，在立井井筒内不得超过 6 m。

  A. 水平巷道 B. 倾斜井巷   C. 水仓   D. 硐室

282. 机电设备硐室、调度室、机车库、爆炸物品库、（ ）等必须有足够照明。

  A. 休息室   B. 候车室

  C. 信号站   D. 瓦斯抽采泵站

283. 矿灯应保持完好，出现灯头密封不严、灯头圈松动、（ ）等情况时，严禁发放。

  A. 电线破损 B. 灯锁失效   C. 亮度不够 D. 玻璃破裂

284. 井下照明和信号的配电装置，应具有（ ）的照明信号综合保护功能。

  A. 短路   B. 过负荷   C. 断相   D. 漏电保护

285. 防爆性能遭受破坏的电气设备，必须立即（ ），严禁继续使用。

  A. 处理   B. 观察   C. 更换   D. 检查

286. 高压电气设备和线路的修理和调整工作，应有（ ）。

  A. 指示票   B. 操作票   C. 工作票   D. 施工措施

287. 电气设备的（ ），必须由电气维修工进行。

  A. 检查   B. 维护   C. 使用   D. 运行

288. 井下防爆电气设备的（ ），必须符合防爆性能的各项技术要求。

  A. 运行   B. 维护   C. 修理   D. 检查

289. 破碎机必须安装（ ）装置或除尘器。

  A. 安全罩   B. 防尘罩   C. 压风   D. 喷雾

290. 当（ ）的空气温度超过 30 ℃、机电设备硐室超过 34 ℃时，必须停止作业。

    A. 局部地点   B. 采煤工作面   C. 掘进工作面   D. 采空区

291. 矿井必须有（　　）通风系统。

    A. 复杂   B. 独立   C. 完整   D. 简单

292. 开采突出煤层时，工作面回风侧不得设置调节风量的设施。（　　）的突出煤层采煤工作面确需设置调节设施的，报企业技术负责人审批。

    A. 容易自燃   B. 自燃   C. 不易自燃   D. 极易自燃

293. 有瓦斯或二氧化碳喷出的煤（岩）层，开采前必须采取下列措施（　　）。

    A. 打前探钻孔或抽排钻孔

    B. 加大喷出危险区域的风量

    C. 将喷出的瓦斯或二氧化碳直接引入回风巷

    D. 将喷出的瓦斯或二氧化碳直接引入抽采瓦斯管路

294. 有突出危险煤层的新建矿井或突出矿井，开拓新水平的井巷第一次揭穿（开）厚度为 0.3 m 及以上煤层时，必须超前探测（　　）等与突出危险性相关的参数。

    A. 煤层涌水情况   B. 煤层厚度及地质构造

    C. 测定煤层瓦斯压力   D. 瓦斯含量

295. 当预测为突出危险工作面时，必须实施（　　）。

    A. 禁止生产   B. 工作面防突措施

    C. 工作面防突措施效果检验   D. 封闭工作面

296. 煤巷掘进工作面应当选用（　　）。

    A. 超前钻孔预抽瓦斯

    B. 超前钻孔排放瓦斯

    C. 其他经试验证明有效的工作面防突措施

    D. 其他未经试验证明有效的工作面防突措施

297. 采煤工作面可采用（　　）或其他经试验证实有效的措施作为工作面防突措施。

    A. 超前钻孔预抽瓦斯   B. 超前钻孔排放瓦斯

    C. 注水湿润煤体   D. 松动爆破

298. 煤矿应编制防治水（　　），并组织实施。

    A. 中长期规划   B. 三年规划   C. 年度计划   D. 远景规划

299. 矿井对含水层水位、井下出水点和矿井总涌水量观测分析，下列说法正确的是（　　）。

A. 矿井应对主要含水层进行长期水位动态观测

B. 矿井应设置矿井和各出水点涌水量观测点

C. 矿井应建立涌水量观测成果等防治水基础台账

D. 矿井应开展水位动态预测分析

300. 受雨季降水威胁的矿井，应（　　　）。

    A. 制定雨季防治水措施　　　　　B. 建立雨季巡视制度

    C. 组织抢险队伍　　　　　　　　D. 储备足够的防洪抢险物资

301. 煤矿应掌握（　　），建立疏水、防水和排水系统。

    A. 相邻矿井排水系统设置情况　　B. 当地历年降水量

    C. 最高洪水位资料　　　　　　　D. 当地水电站及江河大堤设计方案

302. 报废的钻孔应依据有关规定及时封孔，并将（　　）的情况记录在案，存档备查。

    A. 钻孔用途　　B. 封孔资料　　C. 实施负责人　　D. 钻孔岩芯

303. 下列关于矿井留设防隔水煤（岩）柱的规定，下面说法正确的是（　　　）。

    A. 相邻矿井的分界处，应留防隔水煤（岩）柱

    B. 矿井以断层分界的，应在断层两侧留有防隔水煤（岩）柱

    C. 矿井防隔水煤（岩）柱一经确定，不得随意变动，并通报相邻矿井

    D. 采掘关系失调，生产紧张时，为了保证生产经营效益，经过论证可以开采防隔水煤（岩）柱

304. 严禁在（　　）开采急倾斜煤层。

    A. 井工煤矿　　　　　　　　　　B. 地表水体下

    C. 采空区水淹区域下　　　　　　D. 高瓦斯矿井

305. 在（　　）附近采掘时，应制定专项安全技术措施。

    A. 采空区　　　　　　　　　　　B. 未固结的灌浆区

    C. 有淤泥的废弃井巷　　　　　　D. 岩石洞穴

306. 开采可能波及水淹区域下的废弃防隔水煤柱时，应（　　），确保无溃水、溃浆（沙）威胁。严禁顶水作业。

    A. 疏干上部积水　　　　　　　　B. 边探水边开采

    C. 进行安全性论证　　　　　　　D. 报告主要负责人

307. 井田内有与河流、湖泊、充水溶洞、强或极强含水层等水体存在水力联系的（　　）等通道时，应查明其确切位置，并采取留设防隔水煤（岩）柱等防治水措施。

    A. 导水断层　　　　　　　　　　B. 裂隙（带）

C. 陷落柱   D. 封闭不良钻孔

308. 对于煤层顶、底板带压的采掘工作面，应（   ）。

    A. 提前编制防治水设计   B. 放弃开采

    C. 制定并落实水害防治措施   D. 立即封闭

309. 煤层顶板存在富水性中等及以上含水层或其他水体威胁时，应实测（   ）发育高度，进行专项设计，确定防隔水煤（岩）柱尺寸。

    A. 煤厚   B. 垮落带   C. 导水裂缝带   D. 底板

310. 当煤层底板承压含水层与开采煤层之间的隔水层能够承受的水头值小于实际水头值时，应采取（   ）等措施，并进行效果检测，制定专项安全技术措施，报企业技术负责人审批。

    A. 疏水降压   B. 注浆加固底板改造含水层

    C. 充填开采   D. 放弃开采

311. 下列说法正确的是（   ）。

    A. 矿井建设和延深中，当开拓到设计水平时，只有在建成防、排水系统后，方可开拓掘进

    B. 矿井建设和延深中，当开拓到设计水平时，防排水系统投入正常运转前，不得进入采区巷道的掘进施工

    C. 矿井建设和延深中，当开拓到设计水平时，应优先施工采区巷道，尽快形成生产能力，采区投产前应建成防、排水系统

    D. 矿井建设和延深中，当开拓到设计水平时，新水平如果基本上没有水患，可以不建设防排水系统

312. 煤层顶、底板分布有强岩溶承压含水层时，主要（   ）应布置在不受水害威胁的层位中，并以石门分区隔离开采。

    A. 运输巷   B. 轨道巷   C. 回采巷道   D. 回风巷

313. 下列关于防水闸墙的说法，正确的是（   ）。

    A. 防水闸墙应由具有相应资质的单位进行设计

    B. 防水闸墙必须经煤矿企业技术负责人批准后方可施工

    C. 防水闸墙投入使用前应由煤矿企业技术负责人组织竣工验收

    D. 防水闸墙必须由矿井水文地质专业技术人员进行设计

314. 井巷揭穿（   ）等可能突水地段前，必须编制探放水设计，并制定相应的防治水措施。

    A. 隔水层   B. 含水层

    C. 地质构造带   D. 瓦斯压力异常区

315. 矿井排水系统应设置（　　　）。

  A. 工作水泵   B. 备用水泵

  C. 检修水泵   D. 大功率潜水泵

316. （　　　）必须经常检查和维护，在每年雨季之前，必须全面检修 1 次。

  A. 水泵   B. 水管

  C. 闸阀   D. 排水的配电设备和输电线路

317. 井下采区、巷道有（　　　）的，应优先施工安装防、排水系统，并保证有足够的排水能力。

  A. 瓦斯突出威胁   B. 突水危险

  C. 可能积水   D. 矿山压力显现

318. 井下探放水应当采用专用钻机，由（　　　）施工。

  A. 掘进队伍   B. 专业人员

  C. 专职探放水队伍   D. 通风工程师

319. 探放水钻孔的布置和超前距离，应根据（　　　）以及安全措施等，在探放水设计中做出具体规定。

  A. 水压大小   B. 煤（岩）层厚度

  C. 煤（岩）层硬度   D. 煤层瓦斯含量、瓦斯压力

320. 在预计水压大于 0.1 MPa 的地点探放水时（　　　）。

  A. 预先固结套管   B. 在套管口安装控制闸阀

  C. 进行耐压试验   D. 安装好钻机后立即开始探放水

321. 预计钻孔内水压大于 1.5 MPa 时，应采用（　　　）方法钻进。

  A. 反压   B. 快速   C. 有防喷装置   D. 加压

322. 钻孔放水前，应估计积水量，并根据矿井（　　　）等，控制放水流量，防止淹井。

  A. 排水能力   B. 水泵型号

  C. 水仓容量   D. 在岗人员数量

323. （　　　），应制定安全措施，防止被水封闭的有毒、有害气体突然涌出。排水过程中，应由矿山救护队随时检查水面上的空气成分，发现有害气体，及时采取措施进行处理。

  A. 排除井筒和下山的积水 B. 水仓中的积水

  C. 地面塌陷坑积水   D. 恢复被淹井巷前

324. 井下爆炸物品库应包括（　　　）的巷道。辅助硐室中，应有检查电雷管全电阻、发放炸药以及保存爆破工空爆炸物品箱等的专用硐室。

  A. 库房   B. 辅助硐室   C. 通向库房   D. 回风巷道

325. 主要通风机必须安装在地面；装有通风机的井口必须封闭严密，其外部漏风率在无提升设备时和有提升设备时分别不得超过（ ）。

  A. 5%   B. 15%   C. 20%   D. 25%

326. 对现有生产矿井用可燃性材料建筑的（ ），必须制定防火措施。

  A. 井架   B. 井口房   C. 办公楼   D. 压风机房

327. 罐笼和箕斗的（ ）应在井口公布，严禁超载和超最大载荷差运行。

  A. 提升速度   B. 提升高度

  C. 最大提升载荷   D. 最大提升载荷差

328. 提升系统各部每天至少由专职人员检查 1 次，检查中发现问题，必须立即处理，（ ）结果都应详细记录。

  A. 检查   B. 检修   C. 处理   D. 保养

329. 立井井筒检修人员站在罐笼或箕斗顶上工作时，必须（ ）。

  A. 装设保险伞和栏杆   B. 佩戴保险带

  C. 提升速度为 0.3~0.5 m/s   D. 检修用信号必须安全可靠

330. 罐笼提升的（ ）必须有把钩工。

  A. 井口车场 B. 井底车场 C. 罐笼内 D. 乘人箕斗中

331. 每一提升装置，正常运行信号的发送顺序自下而上为（ ）。

  A. 井底信号工 B. 井口信号工 C. 井口把钩工 D. 司机

332. 井底车场的信号在有下列情况之一时，可由井底信号工直接向提升机司机发送开、停车信号。（ ）

  A. 发送紧急停车信号

  B. 箕斗提升

  C. 单容器提升

  D. 井上下信号联锁的自动化提升系统

333. 井口总信号工收齐（ ）后，才可向提升机司机发出信号。

  A. 井口上层信号   B. 井口各层信号工信号

  C. 井下水平总信号工信号   D. 井口下层信号

334. 防撞梁必须能够挡住过卷后上升的（ ）。

  A. 容器   B. 平衡锤   C. 人车   D. 矿车

335. 罐笼和箕斗提升，（ ）距离不得小于《煤矿安全规程》规定数值。

  A. 过速   B. 过卷   C. 过放   D. 过载

336. 各种提升装置的卷筒上缠绕的钢丝绳层数，必须符合下列规定：立井中

（　　）的不超过1层。

  A. 升降人员　　B. 升降人员和物料　　C. 升降木料　　D. 升降矸石

337. 对现有不带绳槽衬垫的在用提升机，只要在卷筒板上（　　），可继续使用。

  A. 刻有绳槽　　　　　　　　　B. 用1层钢丝绳作底绳

  C. 铺橡胶板　　　　　　　　　D. 铺木板

338. 钢丝绳绳头固定在卷筒上时，必须有特备的（　　）装置，严禁系在卷筒轴上。

  A. 固定　　　　B. 容绳　　　　C. 牵引　　　　D. 卡绳

339. 提升装置的（　　）绳槽衬垫磨损达到《煤矿安全规程》规定的限值，必须更换。

  A. 天轮　　　　B. 导向轮　　　　C. 摩擦轮　　　　D. 挡绳轮

340. 矿井提升系统的（　　）必须符合《煤矿安全规程》的规定。

  A. 加速度　　　B. 减速度　　　C. 慢速的　　　D. 提升速度

341. 提升装置还必须装设下列安全保护（　　）。

  A. 过负荷和欠电压　　　　　　B. 闸瓦间隙

  C. 错向运行　　　　　　　　　D. 松绳

342. 《煤矿安全规程》规定，主要提升装置应配有（　　）司机。

  A. 正　　　　　B. 副　　　　　C. 备用　　　　D. 轮休

343. 严禁井下配电变压器中性点直接接地。严禁由地面中性点直接接地的（　　）直接向井下供电。

  A. 直接　　　　B. 变压器　　　C. 发电机　　　D. 井下

344. 井下配电网路（变压器馈出线路、电动机等）必须具有（　　）保护装置。

  A. 过流　　　　B. 短路　　　　C. 最大　　　　D. 最小

345. 所有配电点的位置和空间必须满足设备（　　）等要求，并采用不燃性材料支护。

  A. 安装　　　　B. 拆除　　　　C. 检修　　　　D. 运输

346. 从业人员离开煤矿企业时，有权索取本人职业健康监护档案复印件，煤矿企业必须（　　）提供，并在所提供的复印件上签章。

  A. 从轻　　　　B. 如实　　　　C. 无偿　　　　D. 有偿

347. 井下空气成分中，有害气体一氧化碳（CO）、硫化氢（H_2S）最高允许浓度（按体积的百分比计算）分别为（　　）。

A. 0.00025% B. 0.0024%   C. 0.00066%   D. 0.0005%

348. 主要通风机房内必须安装（ ）等仪表。

  A. 水柱计（压力表）   B. 电流表

  C. 电压表   D. 轴承温度计

349. 封闭火区时，应合理确定封闭范围，必须指定专人检查瓦斯、氧气、一氧化碳、煤尘以及其他（ ）的变化。

  A. 有害气体 B. 风向   C. 风量   D. 通风设施

350. 以下地点必须设置甲烷传感器。（ ）

  A. 低瓦斯矿井的采煤工作面回风隅角

  B. 瓦斯抽采泵输出管路中

  C. 采用串联通风时，被串掘进工作面的局部通风机前

  D. 井下临时瓦斯抽采泵站上风侧栅栏外

351. 井巷揭煤前，应探明（ ）及顶底板等地质条件。

  A. 煤层厚度 B. 地质构造 C. 瓦斯地质 D. 水文地质

352. 使用局部通风机通风的掘进工作面，不得停风；因（ ）等原因停风时，必须将人员全部撤至全风压进风流处，切断电源，设置栅栏、警示标志，禁止人员入内。

  A. 检修   B. 停电   C. 故障   D. 检验

353. 煤巷掘进工作面应安设隔爆设施的矿井包括（ ）。

  A. 高瓦斯矿井   B. 突出矿井

  C. 有煤尘爆炸危险的矿井   D. 低瓦斯矿井

354. 采取预抽煤层瓦斯区域防突措施时，下列要求正确的是（ ）。

  A. 当煤巷掘进和采煤工作面在预抽防突效果有效的区域内作业时，工作面距未预抽或者预抽防突效果无效范围的前方边界不得小于 20 m

  B. 穿层钻孔预抽井巷（含石门、立井斜井、平硐）揭煤区域煤层瓦斯时，应控制井巷及其外侧一定范围内的煤层，并在揭煤工作面距煤层最小法向距离 7 m 以前实施（在构造破坏带应适当加大距离）

  C. 厚煤层分层开采时，预抽钻孔应控制开采分层及其上部法向距离至少 20 m、下部 10 m 范围内的煤层

  D. 应采取措施确保预抽瓦斯钻孔能够按设计参数控制整个预抽区域

355. 井巷揭煤工作面的防突措施包括（ ）、水力冲孔或其他经试验证明有效的措施。

  A. 预抽煤层瓦斯   B. 排放钻孔

C. 金属骨架 D. 煤体固化

356. 煤巷掘进工作面应当选用（　　）作为工作面防突措施。
    A. 超前钻孔预抽瓦斯
    B. 超前钻孔排放瓦斯
    C. 其他经试验证明有效的工作面防突措施
    D. 其他未经试验证明有效的工作面防突措施

357. 采煤工作面可采用（　　）或其他经试验证实有效的措施作为工作面防突措施。
    A. 超前钻孔预抽瓦斯　　　　　　B. 超前钻孔排放瓦斯
    C. 注水湿润煤体　　　　　　　　D. 松动爆破

358. 采煤工作面采用超前钻孔预抽瓦斯和超前钻孔排放瓦斯作为工作面防突措施时，超前钻孔的（　　）等应当根据钻孔的有效抽、排半径确定。
    A. 直径　　　　B. 孔数　　　　C. 深度　　　　D. 孔底间距

三、判断题

1. 煤矿企业可以先从事煤炭生产活动，再取得安全生产许可证。（　　）

2. 主要负责人和安全生产管理人员必须具备煤矿安全生产知识和管理能力，并经考核合格，取得相应的资格证书。（　　）

3. 煤矿使用的纳入安全标志管理的产品，可以先使用，再获得煤矿矿用产品安全标志。（　　）

4. 煤炭生产与煤矿建设的安全投入和职业病危害防治费用提取、使用必须符合国家有关规定。（　　）

5. 煤矿必须编制年度灾害预防和处理计划，制定后要严格执行，严禁修改。（　　）

6. 井工煤矿复工复产前必须进行全面安全检查。（　　）

7. 煤矿必须建立矿井安全避险系统，对井下人员进行安全避险和应急救援培训。（　　）

8. 矿井建设期间，因矿井地质、水文地质等条件与原地质资料出入较大时，必须针对存在的地质问题开展补充地质勘查工作。（　　）

9. 煤矿建设、施工单位必须设置项目管理机构，配备满足工程需要的安全、技术和特种作业人员。（　　）

10. 建井期间应形成双回路供电。当任一回路停止供电时，另回路应能担负矿井全部用电负荷。（　　）

11. 建井期间，应根据建井工期、在用钢丝绳的腐蚀程度等因素，确定是否需要储备检验合格的提升钢丝绳。（　　　）

12. 同一工业广场内布置 2 个及以上井筒时，未与另一井筒贯通的井筒不得进行临时改绞。（　　　）

13. 临时排水管的型号应与排水能力相匹配。（　　　）

14. 改扩建大中型矿井开采深度不应超过 1200 m。（　　　）

15. 每个生产矿井必须至少有 1 个能行人的通达地面的安全出口。（　　　）

16. 井下每一个水平到上一个水平和各个采（盘）区都必须至少有 2 个便于行人的安全出口，并与通达地面的安全出口相连。（　　　）

17. 井巷交岔点必须设置路标，标明所在地点，指明通往安全出口的方向。（　　　）

18. 采（盘）区内的上山、下山和平巷的净高不得低于 2 m，薄煤层内的不得低于 1.8 m。（　　　）

19. 采煤工作面回采前必须编制作业规程。（　　　）

20. 采煤工作面必须保持至少 2 个畅通的安全出口。（　　　）

21. 采煤工作面必须及时支护，严禁空顶作业。（　　　）

22. 严格执行敲帮问顶及围岩观测制度。（　　　）

23. 采用分层垮落法回采时，下一分层的采煤工作面必须在上一分层顶板垮落的稳定区域内进行回采。（　　　）

24. 采用综合机械化采煤时，液压支架必须接顶。（　　　）

25. 使用滚筒式采煤机采煤时，采煤机上必须装有能停止工作面刮板输送机运行的闭锁装置。（　　　）

26. 建（构）筑物下、水体下、铁路下及主要井巷煤柱开采，必须设立观测站。（　　　）

27. 建（构）筑物下、水体下、铁路下以及主要井巷煤柱开采时，必须经过试采。（　　　）

28. 煤矿企业应根据具体条件制定风量计算方法，至少每 5 年修订 1 次。（　　　）

29. 矿井必须建立测风制度，每 10 天至少进行 1 次全面测风。（　　　）

30. 改变全矿井通风系统时，必须编制通风设计及安全措施，由企业技术负责人审批。（　　　）

31. 矿井转入新水平生产或改变一翼通风系统后，必须重新进行矿井通风阻力测定。（　　　）

32. 多煤层同时开采的矿井，必须绘制分层通风系统图。（　　　）

33. 生产矿井主要通风机必须装有反风设施，并能在 20 min 内改变巷道中的风流方向。（　　）

34. 矿井开拓新水平和准备新采区的回风，必须引入总回风巷或主要回风巷中，不允许串联通风。（　　）

35. 低瓦斯矿井开采煤层群和分层开采采用联合布置的采（盘）区，必须设置 1 条专用回风巷。（　　）

36. 煤层倾角大于 15° 的采煤工作面采用下行通风时，应报矿总工程师批准。（　　）

37. 不得使用 1 台局部通风机同时向 2 个及以上作业的掘进工作面供风。（　　）

38. 进、回风井之间和主要进、回风巷之间需要使用的联络巷，只需安设 2 道联锁的正向风门。（　　）

39. 采区开采结束后 45 天内，必须在所有与已采区相连通的巷道中设置防火墙，全部封闭采区。（　　）

40. 必须保证爆炸物品库每小时能有其总容积 4 倍的风量。（　　）

41. 矿井中只要有一个煤层发现瓦斯，该矿井即为瓦斯矿井。（　　）

42. 矿井总回风巷或一翼回风巷中甲烷或二氧化碳浓度超过 0.75% 时，必须立即查明原因，进行处理。（　　）

43. 因甲烷浓度超过规定被切断电源的电气设备，必须在甲烷浓度降到 1.0% 以下时，方可通电开动。（　　）

44. 严禁在停风或瓦斯超限的区域内作业。（　　）

45. 井下停风地点栅栏外风流中的甲烷浓度每天至少检查 1 次。（　　）

46. 突出矿井必须建立地面永久抽采瓦斯系统。（　　）

47. 临时抽采瓦斯泵站应安设在抽采瓦斯地点附近的新鲜风流中。（　　）

48. 抽采的瓦斯浓度低于 30% 时，可以作为燃气直接燃烧。（　　）

49. 新建矿井可以不进行煤尘爆炸性鉴定工作。（　　）

50. 煤尘的爆炸性应由具备相关资质的单位进行鉴定。（　　）

51. 煤尘的爆炸性鉴定结果必须报省级煤炭行业管理部门和煤矿安全监察机构备案。（　　）

52. 开采有煤尘爆炸危险煤层的矿井，必须有预防和隔绝煤尘爆炸的措施。（　　）

53. 采用独立通风并有煤尘爆炸危险的其他地点同与其相连通的巷道间，可以不设隔爆设施。（　　）

54. 高瓦斯矿井、突出矿井和有煤尘爆炸危险的矿井，煤巷掘进工作面应安设隔

爆设施。（ ）

55. 在矿井的开拓、生产范围内有突出煤（岩）层的矿井为突出矿井。（ ）

56. 非突出矿井升级为突出矿井时，可以不编制防突专项设计。（ ）

57. 开采保护层时，不能同时抽采被保护层的瓦斯。（ ）

58. 突出矿井采取的安全防护措施主要包括避难硐室、反向风门、压风自救装置、隔离式自救器、远距离爆破等。（ ）

59. 进风井口如果不设防火铁门，不需要有防止烟火进入矿井的安全措施。（ ）

60. 在井下和井口房，严禁采用可燃性材料搭设临时操作间、休息间。（ ）

61. 井下可以使用电炉。（ ）

62. 井下消防材料库应设在每一个生产水平的井底车场或主要运输大巷中。（ ）

63. 开采容易自燃和自燃煤层的矿井，必须编制矿井防灭火专项设计。（ ）

64. 对开采容易自燃和自燃的单一厚煤层或煤层群的矿井，集中运输大巷和总回风巷应布置在煤层内。（ ）

65. 采用全部充填采煤法时，严禁采用可燃物作充填材料。（ ）

66. 当矿井水文地质条件尚未查清时，井下可以进行生产建设。（ ）

67. 矿井不用设置各出水点涌水量观测点。（ ）

68. 矿井应建立涌水量观测成果等防治水基础台账。（ ）

69. 矿井防治水图件可以用采掘工程平面图替代，不用编制专门的防治水图件。（ ）

70. 采掘工作面出现透水征兆，可以边探放水边生产。（ ）

71. 当矿井受到河流、山洪威胁时，应修筑堤坝和泄洪渠，防止洪水侵入。（ ）

72. 报废的钻孔不用封孔，应该派人经常检查，并将检查记录在案。（ ）

73. 在采掘工程平面图和矿井充水性图上必须标出水淹区域，在水淹区域应标出积水线、探水线警戒线的位置。（ ）

74. 严禁开采地表水体、强含水层、采空区水淹区域下且水患威胁未消除的急倾斜煤层。（ ）

75. 矿井排水系统中的排水管路只要能够正常工作就可以了，不用设置备用排水管路，以免造成浪费。（ ）

76. 井下可以用煤电钻进行探放水。（ ）

77. 探放老空积水最小超前水平钻距依据具体情况进行验算，可以小于

30 m。（　　　）

78. 在探放水钻进时，发现钻孔中水压、水量突然增大和顶钻等突（透）水征兆时，应立即停止钻进，拔出钻杆。（　　　）

79. 钻探接近老空时，应安排专职瓦斯检查工或者矿山救护队员在现场值班，随时检查空气成分。（　　　）

80. 雷管和炸药必须分库存放。（　　　）

81. 在交接班、人员上下井的时间内，严禁运送爆炸物品。（　　　）

82. 装有爆炸物品的列车可以同时运送其他物品或工具。（　　　）

83. 在交接班、人员上下井的时间内，严禁携带爆炸物品人员沿井筒上下。（　　　）

84. 不得使用过期或变质的爆炸物品。（　　　）

85. 抽出单个电雷管后，必须将其脚线扭结成短路。（　　　）

86. 严禁将电雷管斜插在药卷的中部或捆在药卷上。（　　　）

87. 有水的炮眼，应使用抗水型炸药。（　　　）

88. 可以用轨道、金属管、金属网、水或大地等作为爆破回路。（　　　）

89. 任何时候都可将把手或钥匙插入发爆器或电力起爆接线盒内。（　　　）

90. 采掘工作面风量不足，严禁装药、爆破。（　　　）

91. 使用延期电雷管通电以后拒爆，至少等待 5 min 才可沿线路检查，查找拒爆原因。（　　　）

92. 矿井轨道同一线路必须使用同一型号钢轨。（　　　）

93. 高差超过 50 m 的人员上下的主要倾斜井巷，应采用机械方式运送人员。（　　　）

94. 串车提升的各车场设有信号硐室及躲避硐。（　　　）

95. 巷道坡度大于 7% 时，严禁使用人力推车。（　　　）

96. 立井中升降人员应使用罐笼。（　　　）

97. 禁止在同一层罐笼内，人员与物料混合提升。（　　　）

98. 提升矿车的罐笼内必须装有阻车器。（　　　）

99. 立井使用罐笼提升时，井口安全门必须与罐位和提升信号联锁。（　　　）

100. 升降物料用的缠绕式提升钢丝绳，悬挂使用 12 个月内须进行第 1 次性能检验，以后每 6 个月检验 1 次。（　　　）

101. 摩擦轮式提升钢丝绳的正常使用期限应不超过 2 年。（　　　）

102. 升降人员的主要提升装置在交接班升降人员的时间内，必须由正司机操作、副司机监护。（　　　）

103. 带电备用电源的变压器可热备用；若冷备用，备用电源必须能及时投入，保证主要通风机在 10 min 内启动和运行。（　　）

104. 严禁由地面中性点直接接地的变压器或发电机直接向井下供电。（　　）

105. 井下高压电动机、动力变压器的高压控制设备，应具有短路、过负荷、接地和过流保护。（　　）

106. 在有瓦斯抽采管路的巷道内，电缆（包括通信电缆）必须与瓦斯抽采管路分挂在巷道两侧。（　　）

107. 电缆穿过墙壁部分应用套管保护，不用封堵管口。（　　）

108. 不同型电缆之间严禁直接连接，必须经过符合要求的接线盒、连接器或母线盒进行连接。（　　）

109. 局部接地极可设置于巷道水沟内或其他就近的潮湿处。（　　）

110. 橡套电缆的接地芯线，除用作监测接地回路外，亦可兼作他用。（　　）

111. 采区电工，在特殊情况下，可对采区变电所内高压电气设备进行停、送电的操作，打开电气设备进行修理。（　　）

112. 使用中的防爆电气设备的防爆性能检查，每季度 1 次。（　　）

113. 安全监控设备的供电电源可以接在被控开关的负荷侧。（　　）

114. 安全监控设备必须定期调校、测试，每半月至少 1 次。（　　）

115. 必须每天检查安全监控设备及线缆是否正常。（　　）

116. 矿调度室值班人员应监视监控信息、填写运行日志、打印安全监控日报表、并报矿总工程师和矿长审阅。（　　）

117. 安全监控系统可以不实时上传监控数据。（　　）

118. 必须设专职人员负责便携式甲烷检测仪的调校、维护及收发。（　　）

119. 采煤机可以不设置甲烷断电仪或便携式甲烷检测报警仪。（　　）

120. 人员位置监测系统应具备检测标识卡是否唯一性的功能。（　　）

121. 安装移动通信系统的矿井，通信系统应具有短信收发功能。（　　）

122. 安装图像监视系统的矿井，应在矿调度室设置集中显示装置。（　　）

123. 煤矿企业不用建立健全职业卫生档案和定期报告职业病危害因素。（　　）

124. 作业场所粉尘浓度要求的煤尘中游离 SiO_2 含量 < 10% 时，呼尘时间加权平均容许浓度是 2.5 mg/m^3。（　　）

125. 井工煤矿炮采工作面应采用湿式钻眼、冲洗煤壁、水炮泥、出煤洒水等综合防尘措施。（　　）

126. 井工煤矿掘进机作业时，应采用内、外喷雾及通风除尘等综合措施。（　　）

127. 井工煤矿在煤、岩层中钻孔作业时，应采取湿式降尘等措施。（　　）

128. 作业人员每天连续接触噪声时间达到或者超过 8 h 的，噪声声级限值为 85 dB。（　　）

129. 接触职业病危害从业人员，必须进行职业健康检查。（　　）

130. 煤矿企业应为从业人员建立职业健康监护档案，并按照规定的期限妥善保存。（　　）

131. 煤矿企业必须编制应急预案并组织评审，由本单位主要负责人批准后实施。（　　）

132. 不具备设立矿山救护队条件的煤矿企业，应与就近的救护队签订救护协议。（　　）

133. 任何人都不可以挪用紧急避险设施内的设备和物品。（　　）

134. 煤矿发生险情或事故后，现场人员应进行自救、互救并报矿调度室。（　　）

135. 煤矿发生险情或事故后，煤矿应上报事故信息。（　　）

136. 在重特大事故或复杂事故救援现场，应设立地面基地和井下基地。（　　）

137. 井工煤矿复工复产前必须进行全面安全检查。（　　）

138. 临时排水管的型号应与排水能力相匹配。（　　）

139. 改扩建大中型矿井开采深度不应超过 1200 m。（　　）

140. 采煤工作面回采前必须编制作业规程。（　　）

141. 采煤工作面必须保持至少 2 个畅通的安全出口。（　　）

142. 采煤工作面必须及时支护，严禁空顶作业。（　　）

143. 严格执行敲帮问顶及围岩观测制度。（　　）

144. 水采工作面可以不采用矿井全风压通风。（　　）

145. 采用综合机械化采煤时，液压支架必须接顶。（　　）

146. 采用连续采煤机机械化开采，工作面必须形成全风压通风后，方可回采。（　　）

147. 使用掘进机掘进，停止工作和交班时，必须将切割头落地，可以不断开电源开关。（　　）

148. 矿井必须制定主要通风机停止运转的措施。（　　）

149. 控制风流的风门、风桥、风墙、风窗等设施必须可靠。（　　）

150. 采区变电所及实现采区变电所功能的中央变电所可以采用串联通风。（　　）

151. 严禁在停风或瓦斯超限的区域内作业。（　　）

152. 岩巷掘进遇到煤线或接近地质破坏带时，必须有专职瓦斯检查工经常检查瓦斯。（　　）

153. 有瓦斯或二氧化碳喷出的煤（岩）层，开采前必须打前探钻孔或抽排钻孔。（　　）

154. 突出矿井必须建立地面永久抽采瓦斯系统。（　　）

155. 新建矿井可以不进行煤尘爆炸性鉴定工作。（　　）

156. 煤尘的爆炸性应由具备相关资质的单位进行鉴定。（　　）

157. 必须及时清除巷道中的浮煤，清扫或冲洗沉积煤尘或定期撒布岩粉。（　　）

158. 矿井每年应制定综合防尘措施、预防和隔绝煤尘爆炸措施及管理制度，并组织实施。（　　）

159. 选择保护层应优先选择无突出危险的煤层作为保护层。（　　）

160. 井下使用的柴油、煤油、润滑油必须装入盖严的铁桶内，由专人押运送至使用地点。（　　）

161. 开采容易自燃和自燃煤层时，必须开展自然发火监测工作。（　　）

162. 永久性防火墙的管理，所有测定和检查结果必须记入防火记录簿。（　　）

163. 矿井不用设置各出水点涌水量观测点。（　　）

164. 矿井应建立涌水量观测成果等防治水基础台账。（　　）

165. 井巷揭穿含水层或地质构造带等可能突水地段前，必须编制探放水设计，并制定相应的防治水措施。（　　）

166. 井下可以用煤电钻进行探放水。（　　）

167. 井下探放水安装好套管后，不用进行耐压试验，直接打钻探水。（　　）

168. 放水时，应配专人监测钻孔出水情况，测定水量和水压，做好记录。（　　）

169. 雷管和炸药必须分库存放。（　　）

170. 装有爆炸物品的列车可以同时运送其他物品或工具。（　　）

171. 在 1 个采煤工作面可以使用 2 台发爆器同时进行爆破。（　　）

172. 严禁将电雷管斜插在药卷的中部或捆在药卷上。（　　）

173. 有水的炮眼，应使用抗水型炸药。（　　）

174. 工作面有 2 个或 2 个以上自由面时，在煤层中最小抵抗线不得小于 0.5 m，在岩层中最小抵抗线不得小于 0.3 m。（　　）

175. 特殊情况下，当班留有尚未爆破的已装药炮眼时，当班爆破工必须在现场向下一班爆破工交接清楚。（　　）

176. 滚筒驱动的带式输送机可以不使用阻燃输送带。(　　)

177. 采用机车运输时，列车或单独机车都均应前有照明、后有红灯。(　　)

178. 串车提升的各车场设有信号硐室及躲避硐。(　　)

179. 巷道坡度大于7%时，严禁使用人力推车。(　　)

180. 立井中升降人员应使用罐笼。(　　)

181. 禁止在同一层罐笼内人员与物料混合提升。(　　)

182. 提升矿车的罐笼内必须装有阻车器。(　　)

183. 用多层罐笼升降人员物料时，井上、下各层出车平台都必须设有信号工。(　　)

184. 提升机盘形闸的闸瓦与闸盘间的间隙不得超过2 mm。(　　)

185. 井下不得带电检修电气设备。(　　)

186. 硐室内有高压电气设备时，入口处和硐室内必须醒目悬挂"高压危险"警示牌。(　　)

187. 电缆可以悬挂在管道上，但不得遭受淋水。(　　)

188. 严禁用电机车架空线作照明电源。(　　)

189. 电压在36 V以上和由于绝缘损坏可能带有危险电压的电气设备的金属外壳、构架，铠装电缆的钢带（或钢丝）、铅皮或屏蔽护套等必须有保护接地。(　　)

190. 安全监控系统必须连续运行。电网停电后，备用电源应能保持系统连续工作时间不小于4 h。(　　)

191. 必须每天检查安全监控设备及线缆是否正常。(　　)

192. 安全监控系统可以不实时上传监控数据。(　　)

193. 下井人员可以不携带标识卡。(　　)

194. 有线调度通信系统的调度电话可以利用大地作回路。(　　)

195. 煤矿企业应为接触职业病危害因素的从业人员提供符合要求的个体防护用品，不用指导和督促其正确使用。(　　)

196. 呼吸性粉尘浓度，每月测定1次。(　　)

197. 井工煤矿采煤工作面回风巷应安设风流净化水幕。(　　)

198. 当采掘工作面的空气温度超过30 ℃、机电设备硐室超过34 ℃时，必须停止作业。(　　)

199. 所有煤矿必须有矿山救护队为其服务。(　　)

200. 井下作业人员必须熟练掌握自救器和紧急避险设施的使用方法。(　　)

201. 入井人员必须随身携带额定防护时间不低于30 min的过滤式自救

器。（　　　）

202. 紧急避险设施应设置在避灾路线上，并有醒目标识。（　　　）

203. 煤矿发生灾害事故后，可以立即成立救援指挥部。（　　　）

204. 灾区侦察在发现遇险、遇难人员的地点要检查气体并做好标记。（　　　）

205. 中华人民共和国领域内从事煤矿建设活动，可以参照执行《煤矿安全规程》。（　　　）

206. 人员入井（场）前严禁过量饮酒。（　　　）

207. 井工煤矿复工复产前必须进行全面安全检查。（　　　）

208. 煤矿建设单位及参与建设的勘察、设计、施工、监理等单位国家实行资质管理的，应具备相应的资质，可以超资质承揽项目。（　　　）

209. 立井锁口施工采用冻结法施工井筒时，应在井筒具备试挖条件后施工。（　　　）

210. 立井凿井期间，提升机房、井口信号房、井口、翻矸平台、吊盘及工作面等场所应安装视频监控装置。（　　　）

211. 临时排水管的型号应与排水能力相匹配。（　　　）

212. 建井期间任一掘进工作面瓦斯涌出量大于 3 m^3/min，用通风方法解决瓦斯问题不合理的，必须建立瓦斯抽采系统。（　　　）

213. 改扩建大中型矿井开采深度不应超过 1200 m。（　　　）

214. 采（盘）区结束后、回撤设备时，必须编制专门措施。（　　　）

215. 采煤工作面回采前必须编制作业规程。（　　　）

216. 采煤工作面必须保持至少 2 个畅通的安全出口。（　　　）

217. 在同一采煤工作面中，可以使用不同类型和不同性能的支柱。（　　　）

218. 采煤工作面必须及时支护，严禁空顶作业。（　　　）

219. 严格执行敲帮问顶及围岩观测制度。（　　　）

220. 采煤工作面用充填法控制顶板时，必须及时充填。（　　　）

221. 水采工作面可以不采用矿井全风压通风。（　　　）

222. 采用综合机械化采煤时，液压支架必须接顶。（　　　）

223. 严禁主要通风机房兼作他用。（　　　）

224. 矿井必须制定主要通风机停止运转的措施。（　　　）

225. 井下充电室风流中以及局部积聚处的氢气浓度，不得超过 0.6%。（　　　）

226. 严禁在停风或瓦斯超限的区域内作业。（　　　）

227. 突出矿井必须建立地面永久抽采瓦斯系统。（　　　）

228. 新建矿井可以不进行煤尘爆炸性鉴定工作。（　　　）

229. 煤尘的爆炸性应由具备相关资质的单位进行鉴定。（   ）

230. 开采保护层时，必须留设煤（岩）柱。（   ）

231. 井下可以使用电炉。（   ）

232. 开采容易自燃和自燃煤层时，采煤工作面采到终采线时，不用采取措施使顶板冒落严实。（   ）

233. 发生重大及以上突（透）水事故后，矿井在恢复生产前不需要重新确定矿井水文地质类型。（   ）

234. 矿井不用设置各出水点涌水量观测点。（   ）

235. 矿井应建立涌水量观测成果等防治水基础台账。（   ）

236. 井下可以用煤电钻进行探放水。（   ）

237. 预计钻孔内水压大于 1.5 MPa 时，应采用反压和有防喷装置的方法钻进。（   ）

238. 雷管和炸药必须分库存放。（   ）

239. 不得使用过期或变质的爆炸物品。（   ）

240. 严禁将电雷管斜插在药卷的中部或捆在药卷上。（   ）

241. 有水的炮眼，应使用抗水型炸药。（   ）

242. 采掘工作面风量不足，严禁装药、爆破。（   ）

243. 滚筒驱动的带式输送机可以不使用阻燃输送带。（   ）

244. 矿井轨道同一线路必须使用同一型号钢轨。（   ）

245. 串车提升的各车场设有信号硐室及躲避硐。（   ）

246. 巷道坡度大于 7% 时，严禁使用人力推车。（   ）

247. 立井中升降人员应使用罐笼。（   ）

248. 提升矿车的罐笼内必须装有阻车器。（   ）

249. 在储气罐出口管路上应加装释压阀，其口径可以小于出风管的直径。（   ）

250. 井下不得带电检修电气设备。（   ）

251. 电缆可以悬挂在管道上，但不得遭受淋水。（   ）

252. 严禁用电机车架空线作照明电源。（   ）

253. 安全监控系统必须连续运行。电网停电后，备用电源应能保持系统连续工作时间不小于 4 h。（   ）

254. 必须每天检查安全监控设备及线缆是否正常。（   ）

255. 安全监控系统可以不实时上传监控数据。（   ）

256. 采煤工作面回风巷甲烷传感器的断电浓度可设置为 1.4%。（   ）

257. 下井人员可以不携带标识卡。（　　　）

258. 作业人员必须正确使用防尘或防毒等个体防护用品。（　　　）

259. 粉尘监测应采用定点监测和个体监测两种方法。（　　　）

260. 呼吸性粉尘浓度，每月测定 1 次。（　　　）

261. 井工煤矿采煤工作面回风巷应安设风流净化水幕。（　　　）

262. 所有煤矿必须有矿山救护队为其服务。（　　　）

263. 采区避灾路线上应敷设供水管路。（　　　）

264. 煤矿企业必须建立各种设备、设施检查维修制度，定期进行检查维修，并做好记录。（　　　）

265. 人员入井（场）前严禁过量饮酒。（　　　）

266. 井工煤矿复工复产前必须进行全面安全检查。（　　　）

267. 作业场所和工作岗位存在的危险有害因素及防范措施、事故应急措施、职业病危害及其后果、职业病危害防护措施等，煤矿企业应履行告知义务，从业人员有权了解并提出建议。（　　　）

268. 从业人员有权制止违章作业，拒绝违章指挥；当工作地点出现险情时，有权立即停止作业，在工作地点等待险情消除；当险情没有得到处理不能保证人身安全时，有权拒绝作业。（　　　）

269. 由下向上施工 25° 的斜巷时，必须将溜矸（煤）道与人行道分开。人行道可以不设扶手、梯子和信号装置。（　　　）

270. 高瓦斯、煤与瓦斯突出和有煤尘爆炸危险矿井的煤巷、半煤岩巷掘进工作面和石门揭煤工作面，可以使用钢丝绳牵引的耙装机。（　　　）

271. 预测或认定为突出危险区的采掘工作面严禁使用风镐作业。（　　　）

272. 采煤工作面的伞檐不得超过作业规程的规定。（　　　）

273. 支架与顶、帮之间的空隙必须塞紧、背实。（　　　）

274. 刮板输送机可乘人。（　　　）

275. 临时排水管的型号应与排水能力相匹配。（　　　）

276. 贯通时，必须由专人在现场统一指挥。（　　　）

277. 井下可以使用电炉。（　　　）

278. 采煤工作面回采前必须编制作业规程。（　　　）

279. 采煤工作面必须保持至少 2 个畅通的安全出口。（　　　）

280. 采煤工作面必须及时支护，严禁空顶作业。（　　　）

281. 严格执行敲帮问顶及围岩观测制度。（　　　）

282. 采用综合机械化采煤时，液压支架必须接顶。（　　　）

283. 电焊、气焊和喷灯焊接等作业完毕后，作业地点应再次用水喷洒，并应有专人在作业地点检查 2 h，发现异常，立即处理。（　　）

284. 煤矿防治水没有什么好的办法，井下有水就会发生水灾事故，没有水就没有水灾事故。（　　）

285. 当暴雨威胁矿井安全时，可以边治理隐患边生产，没有必要撤出井下人员。（　　）

286. 采掘工作面接近水淹或可能积水的井巷、老空或相邻煤矿时，应立即停止施工，确定探水线，实施超前探放水，经确认无水害威胁后，方可施工。（　　）

287. 在有煤尘爆炸危险的煤层中，掘进工作面爆破前后，附近 20 m 的巷道内必须洒水降尘。（　　）

288. 巷道内轨道运输，需人力推车时，严禁在矿车两侧推车。（　　）

289. 安全监控系统可以不实时上传监控数据。（　　）

290. 主要风门应设置风门开关传感器。（　　）

291. 锚杆拉拔力、锚索预紧力必须符合设计要求。（　　）

292. 采煤工作面采用无密集支柱切顶时，必须有防止工作面冒顶和矸石窜入工作面的措施。（　　）

293. 近距离煤层群开采下一煤层时，必须制定控制顶板的安全措施。（　　）

294. 水采工作面必须采用矿井全风压通风。（　　）

295. 矿井不用设置各出水点涌水量观测点。（　　）

296. 滚筒驱动的带式输送机可以不使用阻燃输送带。（　　）

297. 串车提升的各车场设有信号硐室及躲避硐。（　　）

298. 采用放顶煤开采时，放顶煤工作面初采期间应采取强制放顶措施，使顶煤和直接顶充分垮落。（　　）

299. 井下停风地点栅栏外风流中的甲烷浓度每天至少检查 1 次，密闭外的甲烷浓度每周至少检查 1 次。（　　）

300. 严禁在停风或瓦斯超限的区域内作业。（　　）

301. 修复旧井巷时，必须首先检查瓦斯等有毒有害气体。（　　）

302. 变电硐室长度超过 6 m 时，必须在硐室的两端各设 1 个出口。（　　）

303. 井工煤矿采煤工作面回风巷应安设风流净化水幕。（　　）

304. 从业人员离开煤矿企业时，有权索取本人职业健康监护档案复印件，煤矿企业必须如实、无偿提供，并在所提供的复印件上签章。（　　）

305. 作业人员必须正确使用防尘或防毒等个体防护用品。（　　）

306. 电缆可以悬挂在管道上，不得遭受淋水。（ ）

307. 低瓦斯矿井的采煤工作面回风隅角可悬挂便携式甲烷检测报警仪，不用必须安设甲烷传感器。（ ）

308. 煤矿发生险情或事故时，在撤离受阻的情况下紧急避险待救。（ ）

309. 冲击地压危险区域的巷道必须加强支护。（ ）

310. 有冲击地压危险的采掘工作面必须设置压风自救系统。（ ）

311. 采煤工作面必须采用矿井全风压通风，可以采用局部通风机稀释瓦斯。（ ）

312. 使用局部通风机通风的掘进工作面因检修、停电、故障等原因停风时必须将人员全部升井。（ ）

313. 进入冲击地压危险区域的人员必须采取特殊的个体防护措施。（ ）

314. 采区避灾路线上应敷设供水管路。（ ）

315. 所有煤矿必须有矿山救护队为其服务。（ ）

316. 在未固结的灌浆区、有淤泥的废弃井巷、岩石洞穴附近采掘时，应制定专项安全技术措施。（ ）

317. 井下可以用煤电钻进行探放水。（ ）

318. 不得使用过期或变质的爆炸物品。（ ）

319. 严禁将电雷管斜插在药卷的中部或捆在药卷上。（ ）

320. 有水的炮眼，应使用抗水型炸药。（ ）

321. 爆炸物品库和爆炸物品发放硐室附近 30 m 范围内，严禁爆破。（ ）

322. 采掘工作面风量不足，严禁装药、爆破。（ ）

323. 有突出预兆时，必须立即停止作业，按避灾路线撤出，并报告矿调度室。（ ）

324. 容易碰到的、裸露的带电体及机械外露的部分必须加装护罩或遮栏等防护设施。（ ）

325. 抢救人员和灭火过程中，必须指定专人检查瓦斯、一氧化碳、煤尘、其他有害气体和风向、风量的变化，还必须采取防止瓦斯、煤尘爆炸和人员中毒的安全措施。（ ）

326. 爆破后，爆破工、瓦检工和班组长必须首先巡视爆破地点，发现危险情况，不必立即处理。（ ）

327. 突出矿井采煤工作面进风巷必须安设甲烷传感器。（ ）

328. 下井人员可以不携带标识卡。（ ）

329. 起爆地点到爆破地点的距离不用在作业规程中具体规定。（ ）

330. 每3个月对安全监控、人员位置监测等数据进行备份，备份的数据介质保存时间应不少于1年。（　　）

331. 矿用有线调度通信电缆必须专用。（　　）

332. 安全监控系统入井线缆的入井口处必须具有防雷措施。（　　）

333. 安全监控系统必须连续运行。电网停电后，备用电源应能保持系统连续工作时间不小于4 h。（　　）

334. 安全监控设备必须具有故障闭锁功能。（　　）

335. 安全监控系统必须具有断电、馈电状态监测和报警功能。（　　）

336. 安全监控设备的供电电源必须接在被控开关的负荷侧。（　　）

337. 采用载体催化元件的甲烷传感器必须使用校准气样和空气气样在设备设置地点或者实验室调校，每15天至少1次。（　　）

338. 采用载体催化元件的便携式甲烷检测报警仪在仪器维修室调校，每30天至少1次。（　　）

339. 安全监控设备发生故障时，必须及时处理，在故障理处理间必须采用人工监测等安全措施，并填写故障记录。（　　）

340. 必须每天检查安全监控设备及线缆是否正常。（　　）

341. 安全监控系统发出报警、断电、馈电异常等信息时，应停止使用，并立即向值班矿领导汇报。（　　）

342. 安全监控系统可以不实时上传监控数据。（　　）

343. 配制好的甲烷校准气体不确定度应小于7%。（　　）

344. 安装在采煤机上的断电仪在工作面瓦斯浓度≥1.5%时，断电范围是采煤机电源。（　　）

345. 煤巷、半煤岩巷和有瓦斯涌出岩巷的掘进工作面，瓦斯断电浓度为≥1.0%。（　　）

346. 煤仓上方、地面封闭的带式输送机地面走廊必须安设甲烷传感器。（　　）

347. 瓦斯抽采泵输入、输出管路中必须安设甲烷传感器。（　　）

348. 非长壁式采煤工作面不必安设甲烷传感器。（　　）

349. 突出矿井采煤工作面进风巷必须安设甲烷传感器。（　　）

350. 采用防爆蓄电池或防爆柴油机为动力装置的运输设备，必须设置甲烷断电仪，不得设置便携式甲烷检测报警仪。（　　）

351. 在进风巷中使用的梭车、锚杆钻车不用设置甲烷断电仪或便携式甲烷检测报警仪。（　　）

352. 突出煤层掘进巷道回风流中可以不设置风速传感器。（　　）

353. 主要风门应设置风门开关传感器。（　　　）

354. 主要通风机的风硐应当设置压力传感器。（　　　）

355. 甲烷电闭锁和风电闭锁的被控开关的负荷侧必须设置馈电状态传感器。（　　　）

356. 主要风门应设置风门开关传感器，当两道风门同时打开时，发出闭锁信号。（　　　）

357. 下井作业人员必须携带标识卡，管理人员除外。（　　　）

358. 矿调度室值班员应监视人员位置等信息，填写运行日志。（　　　）

359. 有线调度通信系统的调度电话可以利用大地作回路。（　　　）

360. 有线调度通信系统应具有选呼、急呼、全呼、强插、强拆、录音等功能。（　　　）

361. 调度电话可以由井下就地供电，或经有源中继器接调度交换机。（　　　）

362. 调度电话至调度交换机的无中继器通信距离应不大于 10 km。（　　　）

363. 主要绞车道不得兼作人行道。保证行车时不行人的，不受此限制。（　　　）

364. 采区回风巷、采掘工作面回风巷风流中甲烷浓度超过 1.0% 或二氧化碳浓度超过 1% 时，必须停止工作，撤出人员，采取措施，进行处理。（　　　）

365. 采掘工作面风流中二氧化碳浓度达到 1% 时，必须停止工作，撤出人员，查明原因，制措施，进行处理。（　　　）

366. 严禁在停风或瓦斯超限的区域内作业。（　　　）

367. 停风区中甲烷浓度超过 1.0% 或二氧化碳浓度超过 1.5%，最高甲烷浓度和二氧化碳浓度不超过 3.0% 时，必须采取安全措施，控制风流排放瓦斯。（　　　）

368. 安全监测工下井时必须携带便携式甲烷检测报警仪或便携式光学甲烷检测仪。（　　　）

369. 突出矿井必须建立地面永久抽采瓦斯系统。（　　　）

370. 地面瓦斯抽采泵房内电气设备、照明和其他电气仪表都应采用矿用防爆型：否则必须采取安全措施。（　　　）

371. 井上下敷设的瓦斯管路，不得与带电物体接触并应当有防止砸坏管路的措施。（　　　）

372. 井下爆炸物品库、机电设备硐室、检修硐室、材料库的支护和风门、风窗必须不用不燃性材料。（　　　）

373. 开采容易自燃和自燃煤层时，必须开展自然发火监测工作，建立自然发火监测系统，确定煤层自然发火标志气体及临界值，健全自然发火预测预报

及管理制度。（　　）

374. 采用阻化剂防灭火时，必须对阻化剂的种类和数量参数做出明确规定，应采取防止阻化剂腐蚀机械设备、支架等的措施。（　　）

375. 任何人发现井下火灾时，应视火灾性质、灾区通风和瓦斯情况，立即采取一切可能的方法直接灭火，控制火势，并迅速报告矿调度室。（　　）

376. 封闭的火区，只有经取样化验证实火已熄灭后，方可启封或注销。（　　）

377. 滚筒驱动的带式输送机可以不使用阻燃输送带。（　　）

378. 低瓦斯矿井的主要回风巷可使用架线电机车。（　　）

379. 用架空乘人装置运送人员时，运行速度可以为 1.8 m/s。（　　）

380. 升降人员或升降人员和物料的单绳提升罐笼必须装设可靠的防坠器。（　　）

381. 禁止在同一层罐笼内，人员与物料混合提升。（　　）

382. 主要通风机、提升人员的提升机、抽采瓦斯泵、地面安全监控中心等主要设备房，应各有两回路直接由变（配）电所馈出的供电线路；受条件限制时，其中的一回路可引自上述设备房的配电装置。（　　）

383. 井下移动瓦斯抽采泵应各有两回路直接由变（配）电所馈出的供电线路。（　　）

384. 井下可以带电检修、搬迁电气设备。（　　）

385. 每天必须对低压漏电保护进行 1 次跳闸试验。（　　）

386. 电缆可以悬挂在管道上，但不得遭受淋水。（　　）

387. 综合机械化采煤工作面，照明灯间距不得大于 20 m。（　　）

388. 采区避灾路线上应敷设供水管路。（　　）

389. 煤矿发生险情或事故后，煤矿应上报事故信息。（　　）

390. 人员入井（场）前可以适量饮酒。（　　）

391. 井工煤矿复工复产前必须进行全面安全检查。（　　）

392. 任何人都不可以挪用紧急避险设施内的设备和物品。（　　）

393. 每天必须对低压漏电保护进行 1 次跳闸试验。（　　）

394. 临时排水管的型号应与排水能力相匹配。（　　）

395. 采煤工作面回采前必须编制作业规程。（　　）

396. 采煤工作面必须保持至少 2 个畅通的安全出口。（　　）

397. 采煤工作面必须及时支护，严禁空顶作业。（　　）

398. 严格执行敲帮问顶及围岩观测制度。（　　）

399. 水采工作面可以不采用矿井全风压通风。（　　）

400. 采用综合机械化采煤时，液压支架必须接顶。（　　）

401. 架空线路、杆塔或线杆上应有线路名称、杆塔编号以及安全警示等标志。（　　）

402. 井工煤矿采煤工作面回风巷应安设风流净化水幕。（　　）

403. 严禁主要通风机房兼作他用。（　　）

404. 矿井必须制定主要通风机停止运转的措施。（　　）

405. 采煤工作面回风巷甲烷传感器的断电浓度可设置为 1.4%。（　　）

406. 电缆可以悬挂在管道上，不得遭受淋水。（　　）

407. 电缆穿过墙壁部分应用塑料保护，并严密封堵管口。（　　）

408. 严禁在停风或瓦斯超限的区域内作业。（　　）

409. 突出矿井必须建立地面永久抽采瓦斯系统。（　　）

410. 严禁用电机车架空线作照明电源。（　　）

411. 作业人员必须正确使用防尘或防毒等个体防护用品。（　　）

412. 开采保护层时，必须留设煤（岩）柱。（　　）

413. 井下可以使用电炉。（　　）

414. 矿井不用设置各出水点涌水量观测点。（　　）

415. 矿井应建立涌水量观测成果等防治水基础台账。（　　）

416. 所有矿井必须装备安全监控系统、人员位置监测系统、有线调度通信系统。（　　）

417. 安全监控系统必须连续运行。电网停电后，备用电源应能保持系统连续工作时间不小于 4 h。（　　）

418. 井下可以用煤电钻进行探放水。（　　）

419. 雷管和炸药必须分库存放。（　　）

420. 不得使用过期或变质的爆炸物品。（　　）

421. 严禁将电雷管斜插在药卷的中部或捆在药卷上。（　　）

422. 有水的炮眼，应使用抗水型炸药。（　　）

423. 采掘工作面风量不足，严禁装药、爆破。（　　）

424. 滚筒驱动的带式输送机可以不使用阻燃输送带。（　　）

425. 矿井轨道同一线路必须使用同一型号钢轨。（　　）

426. 串车提升的各车场设有信号硐室及躲避硐。（　　）

427. 巷道坡度大于 7% 时，严禁使用人力推车。（　　）

428. 必须每天检查安全监控设备及线缆是否正常。（　　）

429. 禁止在同一层罐笼内人员与物料混合提升。（　　）

430. 提升矿车的罐笼内必须装有阻车器。（　　）

431. 远距离控制线路的额定电压，可超过 36 V。（　　）

432. 40 kW 电动机应采用真空电磁起动器控制。（　　）

433. 矿井的两回路电源线路上可以分接负荷。（　　）

434. 矿井供电电能质量应符合国家有关规定。（　　）

435. 无人值班的变电所必须关门加锁，并有巡检人员巡回检查。（　　）

436. 所有开关把手在切断电源时必须闭锁，并悬挂"有人工作，不准送电"字样的警示牌，任何工作的人员有权取下此牌送电。（　　）

437. 井下不得带电检修电气设备。（　　）

438. 井下配电系统同时存在 2 种或 2 种以上电压时，配电设备上应明显地标出其电压额定值。（　　）

439. 矿井必须备有井上、下配电系统图，井下电气设备布置示意图和供电线路平面敷设示意图，并随着情况变化定期填绘。（　　）

440. 井下电力网的短路电流不得超过其控制用的断路器的开断能力，不用校验电缆的热稳定性。（　　）

441. 每天必须对低压漏电保护进行 1 次跳闸试验。（　　）

442. 井下机电设备硐室装设的防火铁门不得装设通风孔。（　　）

443. 井下机电设备硐室不应有滴水。硐室的过道应保持畅通，严禁存放无关的设备和物件。（　　）

444. 硐室内各种设备与墙壁之间，对不需从两侧或后面进行检修的设备，可不留通道。（　　）

445. 运行中因故需要增设接头而又无中间水平巷道可利用时，可在井筒中设置接线盒，接线盒应放置在托架上，不应使接头承力。（　　）

446. 主要进风巷的交岔点和采区车场必须有足够照明。（　　）

447. 严禁用电机车架空线作照明电源。（　　）

448. 井下用电池应配置充放电安全保护装置。（　　）

449. 井下用电池或电池组应安装在同一个电池腔内。（　　）

450. 机车等移动设备应在专用充电硐室或井下充电。（　　）

451. 禁止在井下充电硐室以外地点对电池（组）进行更换和维修，本安设备中电池（组）和限流器件通过浇封或密闭封装构成一个整体替换的组件除外。（　　）

452. 雷管和炸药必须分库存放。（　　）

453. 地面炸药库应使用防爆手电筒或手提式防爆灯并随身携带，禁止使用电网

供电的移动手提灯。（　　）

454. 爆炸物品库上面覆盖层厚度小于 10 m 时，必须装设防雷电设备。（　　）

455. 检查电雷管的工作，不用在爆炸物品贮存硐室外设有安全设施的专用房间或硐室内进行。（　　）

456. 各种爆炸物品的每一品种都应专库贮存，当条件限制时，可按实际情况同库贮存。（　　）

457. 在分库的雷管发放间内发放雷管时，必须在铺有导电的软质垫层并有边缘突起的桌子上进行。（　　）

458. 井下爆炸物品库应采用硐室式、壁槽式或含壁槽的硐室式。（　　）

459. 库房两端的通道与库房连接处不用设置齿形阻波墙。（　　）

460. 井下爆炸物品库必须采用砌碹或用非金属不燃性材料支护，不得渗漏水，不用采取防潮措施。（　　）

461. 库房的发放爆炸物品硐室允许存放当班待发的炸药，但其最大存放量不得超过 3 箱。（　　）

462. 建井期间的爆炸物品发放硐室必须有独立通风系统，必须制定预防爆炸物品爆炸的安全措施。（　　）

463. 可以在贮存爆炸物品的硐室或壁槽内安设照明设备。（　　）

464. 电雷管（包括清退入库的电雷管）在发给爆破工前，必须用电雷管检测仪逐个测试电阻值，并将脚线扭结成短路。（　　）

465. 在地面运输爆炸物品时，必须遵守《民用爆炸物品安全管理条例》以及有关标准规定。（　　）

466. 禁止将爆炸物品存放在井口房、井底车场或其他巷道内。（　　）

467. 装有爆炸物品的列车可以同时运送其他物品或工具。（　　）

468. 采取安全措施后，可以用刮板输送机、带式输送机等运输爆炸物品。（　　）

469. 煤矿企业必须指定部门对爆破工作专门管理，不用配备专业管理人员。（　　）

470. 在突出煤层中，专职爆破工不用固定在同一工作面工作。（　　）

471. 说明书必须编入采掘作业规程并及时修改补充。钻眼、爆破人员必须依照说明书进行作业。（　　）

472. 不得使用过期或变质的爆炸物品。（　　）

473. 一次爆破必须使用同一厂家、同一品种的煤矿许用炸药。（　　）

474. 高瓦斯矿井必须使用安全等级不低于三级的煤矿许用炸药。（　　）

475. 在高瓦斯矿井采掘工作面采用毫秒爆破时，若采用反向起爆，必须制定安全技术措施。（　　）

476. 在高瓦斯、突出矿井的采掘工作面实体煤中，为增加煤体裂隙、松动煤体而进行的 10 m 以上的深孔预裂控制爆破，可使用二级煤矿许用炸药，不用制定安全措施。（　　）

477. 爆破时必须把爆炸物品箱放置在警戒线以外的安全地点。（　　）

478. 严禁将电雷管斜插在药卷的中部或捆在药卷上。（　　）

479. 有水的炮眼应使用抗水型炸药。（　　）

480. 无封泥、封泥不足或不实的炮眼，采取措施后可以爆破。（　　）

481. 处理卡在溜煤（矸）眼中的煤、矸时爆破前必须洒水。（　　）

482. 采掘工作面风量不足，严禁装药、爆破。（　　）

483. 爆破警戒人员必须在安全地点警戒，警戒线处应设置警戒牌、栏杆或拉绳。（　　）

484. 发爆器或电力起爆接线盒必须采用矿用防爆型（矿用增安型除外）。（　　）

485. 可以采用发爆器打火放电的方法检测电爆网路。（　　）

486. 在拒爆处理完毕以前，可以同时在该地点进行其他工作。（　　）

487. 开凿或延深立井井筒，向井底工作面运送爆炸物品和在井筒内装药时，负责装药爆破的人员可以不撤到地面或上水平巷道中。（　　）

488. 爆破后乘吊桶检查井底工作面时，吊桶不得蹾撞工作面。（　　）

489. 在爆破母线与电力起爆接线盒引线接通之前，井筒内所有电气设备不必断电。（　　）

490. 人员入井（场）前严禁过量饮酒。（　　）

491. 水文地质条件类型为简单的煤矿，可以不填绘矿井地质图和水文地质图。（　　）

492. 井工煤矿复工复产前必须进行全面安全检查。（　　）

493. 煤矿企业发现矿井水害有可能影响相邻矿井时，不用向相邻矿井发出预警，处理好自己矿井的水害就行了。（　　）

494. 地面井口不能避免洪水溃入井下的，应封闭填实该井口。（　　）

495. 降大到暴雨时和降雨后，负责巡视的专业人员发现问题后，应该立即处理，不用请示和汇报，检查和处理情况也不用记录。（　　）

496. 当矿井井口附近或者开采塌陷波及区域的地表出现滑坡或泥石流等地质灾害威胁煤矿安全时，应及时撤出受威胁区域的人员，并采取防治措

施。（　　）

497. 发现与矿井防治水有关系的河道中存在障碍物或者堤坝破损时，应及时报告当地人民政府，清理障碍物或者修复堤坝，防止地表水进入井下。（　　）

498. 采用钢丝绳牵引单轨吊车运输时，在巷道弯道内、外侧均可设置人行道。（　　）

499. 单轨吊车的检修工作应在平巷内进行，若必须在斜巷内处理故障时，应制定安全措施。（　　）

500. 井下可以使用电炉。（　　）

501. 运送人员应使用专用人车，严禁超员。（　　）

502. 立井中升降人员应使用罐笼。（　　）

503. 在井筒内作业或因其他原因，可使用普通箕斗或救急罐升降人员。（　　）

504. 提升装置的最大载重量和最大载重差应在井口公布，严禁超载和超载重差运行。（　　）

505. 禁止在同一层罐笼内，人员与物料混合提升。（　　）

506. 提升矿车的罐笼内必须装有阻车器。（　　）

507. 每天接触噪声时间不足 8 h 的，可根据实际接触噪声的时间，按照接触噪声时间减半、噪声声级限值增加 3 dB（A）的原则确定其声级限值。（　　）

508. 噪声每半年至少监测 1 次。（　　）

509. 氧化氮、一氧化碳、氨、二氧化硫至少每 3 个月监测 1 次。（　　）

510. 硫化氢至少每月监测 1 次。（　　）

511. 煤矿作业场所存在硫化氢、二氧化硫等有害气体时，不用降低有害气体的浓度。（　　）

512. 人员入井（场）前严禁过量饮酒。（　　）

513. 井巷揭煤前，应探明煤层厚度、地质构造、瓦斯地质、水文地质及顶底板等地质条件。（　　）

514. 采煤工作面必须保持至少 2 个畅通的安全出口。（　　）

515. 采煤工作面的伞檐不得超过作业规程的规定。（　　）

516. 采煤工作面必须及时支护，严禁空顶作业。（　　）

517. 支架与顶、帮之间的空隙必须塞紧、背实。（　　）

518. 严格执行敲帮问顶及围岩观测制度。（　　）

519. 刮板输送机可乘人。（　　）

520. 倾角在 25°以上的小眼、煤仓、溜煤（矸）眼、人行道、上山和下山的上

口，可不设防止人员、物料坠落的设施。（　　）

521. 贯通时，必须由专人在现场统一指挥。（　　）

522. 雷管和炸药必须分库存放。（　　）

523. 巷道坡度大于7%时，严禁使用人力推车。（　　）

524. 综合机械化采煤工作面，照明灯间距不得大于10 m。（　　）

525. 采煤工作面回采前必须编制作业规程。（　　）

526. 锚杆拉拔力、锚索预紧力必须符合设计要求。（　　）

527. 支架与顶、帮之间的空隙必须塞紧、背实。（　　）

528. 水采工作面必须采用矿井全风压通风。（　　）

529. 采用综合机械化采煤时，液压支架必须接顶。（　　）

530. 煤仓、溜煤（矸）眼应有防止煤（矸）堵塞的设施。（　　）

531. 冲击地压煤层，在应力集中区内不得布置2个工作面同时进行采掘作业。（　　）

532. 有冲击地压危险的采掘工作面，供电、供液等设备应放置在采动应力集中影响区外。（　　）

533. 冲击地压危险区域的巷道必须加强支护。（　　）

534. 矿井每年安排采掘作业计划时必须核定矿井生产和通风能力，必须按矿井需风量核定矿井产量，严禁超通风能力生产。（　　）

535. 煤巷、半煤岩巷和有瓦斯涌出的岩巷掘进通风方式应采用抽出式，不得采用混合式。（　　）

536. 严禁在停风或瓦斯超限的区域内作业。（　　）

537. 必须每天检查安全监控设备及线缆是否正常。（　　）

538. 安全监控系统可以不实时上传监控数据。（　　）

539. 下井人员可以不携带标识卡。（　　）

540. 作业人员可使用防尘或防毒等个体防护用品。（　　）

541. 作业人员必须正确使用防尘或防毒等个体防护用品。（　　）

542. 采煤工作面应采取煤层注水防尘措施，注水后会影响采煤安全或造成劳动条件恶化的薄煤层除外。（　　）

543. 采煤机必须安装内、外喷雾装置。割煤时必须喷雾降尘，内喷雾工作压力不得小于2 MPa，外喷雾工作压力不得小于4 MPa，喷雾流量应与机型相匹配。（　　）

544. 井工煤矿采煤工作面回风巷应安设风流净化水幕。（　　）

545. 井工煤矿掘进井巷和硐室时，必须采取湿式钻眼、冲洗井壁巷帮、水炮泥、

爆破喷雾、装岩（煤）洒水和净化风流等综合防尘措施。（   ）

546. 井工煤矿复工复产前必须进行全面安全检查。（   ）

547. 使用刨煤机采煤，刨煤机应有刨头位置指示器。（   ）

548. 刮板输送机严禁乘人。（   ）

549. 严禁主要通风机房兼作他用。（   ）

550. 任何排水泵房必须有专人 24 h 不间断值守。（   ）

551. 采区水仓的有效容量应能容纳 8 h 的采区正常涌水量。（   ）

552. 水仓、沉淀池和水沟中的淤泥必须每季度清理 1 次。（   ）

553. 带式输送机配套用的液力偶合器，严禁使用可燃性传动介质（调速型液力偶合器不受此限）。（   ）

554. 井下采用机车运输时，列车的制动距离每年至少应测定 1 次，运送物料时不得超过 40 m。（   ）

555. 使用的蓄电池动力装置的电气设备需要检修时，可就地进行。（   ）

556. 矿井轨道同一线路必须使用同一型号钢轨。（   ）

557. 架空乘人装置运送人员时，乘坐间距不得小于 6 m。（   ）

558. 运人斜井各车场设有信号和候车硐室，候车硐室具有足够的空间。（   ）

559. 巷道坡度大于 7% 时，严禁使用人力推车。（   ）

560. 运送人员应使用专用人车，严禁超员。（   ）

561. 提升矿车的罐笼内必须装有阻车器。（   ）

562. 提升容器在安装或检修后，第 1 次开车前必须检查各个间隙，不符合规定时，不得开车。（   ）

563. 对金属井架、井筒罐道梁和其他装备的固定和锈蚀情况，应每 6 个月检查 1 次。（   ）

564. 在罐笼或箕斗顶上进行检查、检修作业时，作业人员必须系好保险带，检修用信号应安全可靠。（   ）

565. 在提升速度大于 3 m/s 的立井提升系统中，必须设防撞梁和托罐装置。（   ）

566. 在用的缠绕式提升钢丝绳专为升降人员时，安全系数如小于 7，应及时更换。（   ）

567. 摩擦式提升钢丝绳、架空乘人装置钢丝绳、平衡钢丝绳以及专用于斜井提升物料且直径小于或等于 18 mm 的钢丝绳，也要做定期性能检验。（   ）

568. 提升用钢丝绳的钢丝有变黑、锈皮、点蚀麻坑等损伤时，也可用作升降人员，但必须加强检查维护。（   ）

569. 在钢丝绳使用期间，断丝数突然增加或伸长突然加快，必须立即更换。（　　）

570. 架空乘人装置，允许使用有接头的钢丝绳。（　　）

571. 坡度在30°以下的倾斜井巷中专为升降物料用的绞车，可以使用有接头的钢丝绳。（　　）

572. 新安装或大修后的防坠器必须进行脱钩试验，合格后方可使用。（　　）

573. 使用中的立井罐笼防坠器每年应进行一次不脱钩检查性试验。（　　）

574. 对使用中的斜井人车防坠器，每年应进行一次重载全速脱钩试验。（　　）

575. 在每次更换立井提升钢丝绳时，应对连接装置的主要受力部件进行探伤检验，合格后方可继续使用。（　　）

576. 倾斜井巷运输用的钢丝绳连接装置，在每次换钢丝绳时，必须用2倍于其最大静荷重的拉力进行试验。（　　）

577. 钢丝绳绳头固定在卷筒上时，绳孔不得有锐利的边缘，钢丝绳的弯曲不得形成锐角。（　　）

578. 摩擦轮绳槽衬垫磨损剩余厚度小于钢丝绳直径、绳槽磨损深度超过70 mm，必须更换。（　　）

579. 立井中，升降人员时的加速度和减速度都不得超过0.5 m/s²。（　　）

580. 立井中，升降人员时的最大速度不得超过12 m/s。（　　）

581. 斜井提升容器，升降人员时的加速度和减速度，不得超过0.5 m/s²。（　　）

582. 提升装置装设的限速保护是用来保证提升容器（或平衡锤）到达终端位置时的速度不超过2 m/s。（　　）

583. 缠绕式提升机应加设定车装置。（　　）

584. 提升机应装设可靠的提升容器位置指示器、减速声光示警装置。（　　）

585. 提升机应设置机械制动和电气制动装置。（　　）

586. 双滚筒提升机每个滚筒的制动装置应独立控制，并具有调绳功能。（　　）

587. 提升机机械制动装置产生的制动力矩与实际提升最大载荷旋转力矩之比K值不得小于3。（　　）

588. 摩擦式提升机在各种载荷及提升状态下安全制动时，钢丝绳都不得出现滑动。（　　）

589. 各类提升机的安全制动减速度，在倾角小于或等于30°下放时，安全制动减速度≥0.75 m/s²。（　　）

590. 各类提升机的安全制动减速度，在倾角大于30°下放时，安全制动减速度≥1.5 m/s²。（　　）

591. 专门升降人员及混合提升的系统应由具备资质的机构每 3 年进行 1 次性能检测。（　　）

592. 采取安全措施后，可使用滑片式空气压缩机。（　　）

593. 空气压缩机上的安全阀的动作压力应整定为额定压力的 1.5 倍。（　　）

594. 释压阀释放压力应为空气压缩机最高工作压力的 1.25～1.4 倍。（　　）

595. 操作高压电气设备主回路时，操作人员必须戴绝缘手套，并穿胶靴或站在绝缘台上。（　　）

596. 远距离控制线路的额定电压，可超过 36 V。（　　）

597. 矿井必须备有井上、下配电系统图。（　　）

598. 低压电动机的设备，必须具备短路、过负荷、单相断线、漏电闭锁保护及远程控制功能。（　　）

599. 每天必须对低压漏电保护进行 1 次跳闸试验。（　　）

600. 直接向井下供电的馈电线路上，装设自动重合闸。（　　）

601. 由地面直接入井的轨道、金属架构及露天架空引入（出）井的管路，必须在井口附近对金属体设置不少于 2 处的良好集中接地。（　　）

602. 所有配电点的位置和空间必须满足设备安装、拆除、检修和运输等要求，并采用材料支护。（　　）

603. 对不需从两侧或后面进行检修的设备，可不留通道。（　　）

604. 确需在机械提升的进风的倾斜井巷（不包括输送机上、下山）中敷设电力电缆时，应有可靠的保护措施，并经矿总工程师批准。（　　）

605. 非固定敷设的高低压电缆，必须采用煤矿用橡套软电缆。移动式和手持式电气设备应使用专用橡套电缆。（　　）

606. 电缆可以悬挂在管道上，不得遭受淋水。（　　）

607. 严禁用电机车架空线作照明电源。（　　）

608. 矿井完好的矿灯总数，至少应比经常用灯的总人数多 10%。（　　）

609. 升降人员和主要井口绞车的信号装置的直接供电线路上，可以分接其他负荷。（　　）

610. 每一移动式和手持式电气设备至局部接地极之间的保护接地用的电缆芯线和接地连接导线的电阻值，不得超过 1 Ω。（　　）

611. 所有电气设备的保护接地装置（包括电缆的铠装、铅皮、接地芯线）和局部接地装置，应与主接地极连接成 1 个接地网。（　　）

612. 无低压配电点的采煤工作面的运输巷、回风巷、胶带运输巷以及由变电所单独供电的掘进工作面，应设置 1 个局部接地极。（　　）

613. 连接主接地极母线，应采用截面不小于 50 mm² 的铜线，或截面不小于 100 mm² 耐腐蚀的铁线，或厚度不小于 4 mm、截面不小于 100 mm² 耐腐蚀的扁钢。（　　）

614. 电池应配置充放电保护装置。（　　）

615. 机车等移动设备应在充电硐室或地面充电。（　　）

616. 对检查出有职业禁忌证和职业相关健康损害的从业人员，必须调离接害岗位，妥善安置。（　　）

617. 煤矿作业人员必须熟悉应急预案和避灾路线，具有自救互救和安全避险知识。（　　）

618. 处理瓦斯（煤尘）爆炸事故时，应立即切断灾区电源。（　　）

619. 煤矿建设项目的安全设施和职业病危害防护设施，必须与主体工程同时设计、同时施工，但可以晚于主体工程投入使用。（　　）

620. 人员入井（场）前严禁过量饮酒。（　　）

621. 刮板输送机可乘人。（　　）

622. 《煤矿安全规程》规定，进风井口以下的空气温度（干球温度）只要保证进风井口以下的井巷不结冰就符合要求。（　　）

623. 贯通时，必须由专人在现场统一指挥。（　　）

624. 突出矿井必须建立地面永久抽采瓦斯系统。（　　）

625. 突出矿井的防突工作必须坚持局部综合防突措施先行、区域综合防突措施补充的原则。（　　）

626. 在同一突出煤层的集中应力影响范围内，不得布置 2 个工作面相向回采或掘进。（　　）

627. 突出煤层的采掘工作在过突出孔洞及其附近 50 m 范围内进行采掘作业时，必须加强支护。（　　）

628. 突出煤层工作面的作业人员，有突出预兆时，必须立即停止作业，按避灾路线撤出，并报告矿调度室。（　　）

629. 开采保护层时不能同时抽采被保护层的瓦斯。（　　）

630. 井巷揭煤工作面的防突措施包括预抽煤层瓦斯、排放钻孔、金属骨架、煤体固化、水力冲孔或其他经试验证明有效的措施。（　　）

631. 井巷揭穿（开）突出煤层，可以使用震动爆破揭穿突出煤层。（　　）

632. 突出煤层的采掘工作面，松动爆破时，不能按远距离爆破的要求执行。（　　）

633. 工作面执行防突措施后，必须对防突措施效果进行检验。（　　）

634. 清理突出的煤（岩）时，必须制定防煤尘、片帮、冒顶、瓦斯超限、出现火源以及防止再次发生突出事故的安全措施。（　　）

635. 严禁在停风或瓦斯超限的区域内作业。（　　）

636. 煤尘的爆炸性应由具备相关资质的单位进行鉴定。（　　）

637. 矿井应每月至少检查 1 次煤尘隔爆设施的安装地点、数量、水量或岩粉量及安装质量是否符合要求。（　　）

638. 煤巷掘进工作面应当选用超前钻孔预抽瓦斯、超前钻孔排放瓦斯的防突措施或其他经试验证明有效的工作面防突措施。（　　）

639. 采煤工作面可采用超前钻孔预抽瓦斯、超前钻孔排放瓦斯、注水湿润煤体、松动爆破或其他经试验证实有效的措施作为工作面防突措施。（　　）

640. 必须每天检查安全监控设备及线缆是否正常。（　　）

641. 安全监控系统可以不实时上传监控数据。（　　）

642. 突出矿井采煤工作面进风巷必须安设甲烷传感器。（　　）

643. 突出煤层掘进巷道回风流中可以不设置风速传感器。（　　）

644. 下井人员可以不携带标识卡。（　　）

645. 作业人员可使用防尘或防毒等个体防护用品。（　　）

646. 作业人员必须正确使用防尘或防毒等个体防护用品。（　　）

647. 井工煤矿采煤工作面回风巷应安设风流净化水幕。（　　）

648. 应优先选用低噪声设备，采取隔声、消声、吸声、减振、减少接触时间等措施降低噪声危害。（　　）

649. 煤矿发生险情或事故时，井下人员应按应急预案和矿长指令撤离险区。（　　）

650. 采区避灾路线上应敷设供水管路。（　　）

651. 突出矿井以及发生险情或事故时井下人员依靠自救器或 2 次自救器接力不能安全撤至地面的矿井，应建设井下紧急避险设施。（　　）

652. 采区避难硐室必须接入矿井压风管路和供水管路。（　　）

653. 突出与冲击地压煤层，应在距采掘工作面 25~40 m 的巷道内、爆破地点、撤离人员与警戒人员所在位置、回风巷有人作业处等地点，至少设置 2 组压风自救装置。（　　）

654. 严禁在停风或瓦斯超限的区域内作业。（　　）

655. 矿井必须对防突措施的技术参数和效果进行实际考察确定。（　　）

656. 采取预抽煤层瓦斯区域防突措施时，应采取措施确保预抽瓦斯钻孔能够按设计参数控制整个预抽区域。（　　）

657. 突出煤层未进行工作面预测的采掘工作面视为突出危险工作面。（　　）

658. 突出矿井必须确定合理的采掘部署，使煤层的开采顺序、巷道布置、采煤方法、采掘接替等有利于区域防突措施的实施。（　　）

659. 新建矿井可以不进行煤尘爆炸性鉴定工作。（　　）

660. 生产矿井如果是突出矿井的，延深水平开采深度不得超过 1300 m。（　　）

661. 有突出危险煤层的新建矿井或突出矿井，开拓新水平的井巷第一次揭穿（开）厚度为 0.3 m 及以上煤层时，必须超前探测煤层厚度及地质构造、测定煤层瓦斯压力及瓦斯含量等与突出危险性相关的参数。（　　）

662. 在突出煤层顶、底板掘进岩巷时，必须超前探测煤层及地质构造情况，分析勘测验证地质资料，编制巷道剖面图，及时掌握施工动态和围岩变化情况，防止误穿突出煤层。（　　）

663. 突出矿井必须编制并及时更新矿井瓦斯地质图，更新周期不得超过半年。（　　）

664. 煤矿不需要聘用防治水专业技术人员，由总工程师兼职就行了。（　　）

665. 矿井不用设置各出水点涌水量观测点。（　　）

666. 矿井应建立涌水量观测成果等防治水基础台账。（　　）

667. 矿井以断层分界的，断层就是最可靠的界线，不用留防隔水煤（岩）柱。（　　）

668. 开采可能波及水淹区域下的废弃防隔水煤柱时，应疏干上部积水，进行安全性论证，确保无溃水、溃浆（沙）威胁。可以顶水作业。（　　）

669. 井田内有与河流、湖泊、充水溶洞、强或极强含水层等水体存在水力联系的导水断层、裂隙（带）、陷落柱和封闭不良钻孔等通道时，应查明其确切位置，并采取留设防隔水煤（岩）柱等防治水措施。（　　）

670. 对于煤层顶、底板带压的采掘工作面，应提前编制防治水设计，制定并落实水害防治措施。（　　）

671. 当导水裂缝带范围内的含水层或老空积水等水体影响采掘安全时，应超前进行钻探疏放或注浆改造含水层，待疏放水完毕或注浆改造等工程结束、消除突水威胁后，方可进行采掘活动。（　　）

672. 当煤层底板承压含水层与开采煤层之间的隔水层能够承受的水头值小于实际水头值时，应采取疏水降压、注浆加固底板改造含水层或充填开采等措施，并进行效果检测，制定专项安全技术措施，不用报企业技术负责人审批。（　　）

673. 矿井建设和延深中，当开拓到设计水平时，应在新的采区投入生产前建成

防、排水系统。（　　）

674. 煤层顶、底板分布有强岩溶承压含水层时，对已经不具备石门隔离开采条件的应制定防突水安全技术措施，并报矿长审批。（　　）

675. 防水闸墙应由矿总工程师进行设计，经批准后方可施工。（　　）

676. 任何排水泵房必须要有专人 24 h 不间断值守。（　　）

677. 井下采区、巷道有突水危险或者可能积水的，应优先施工安装防、排水系统，并保证有足够的排水能力。（　　）

678. 采用物探等间接探水方法取得的成果不能单独作为采掘工程施工的依据。（　　）

679. 井下可以用煤电钻进行探放水。（　　）

680. 在探放水钻进时，发现煤岩松软、片帮、来压或者钻孔中水压、水量突然增大和顶钻等突（透）水征兆时，应立即停止钻进，立即拔出钻杆。（　　）

681. 排除井筒和下山的积水及恢复被淹井巷的过程中，应由瓦斯检查工随时检查水面上的空气成分，发现有害气体，及时采取措施进行处理。（　　）

682. 煤矿企业可以只设置专门人员负责煤矿安全生产与职业病危害防治管理工作。（　　）

683. 主要绞车道不得兼作人行道。（　　）

684. 新建矿井、生产矿井新掘运输巷的一侧，从巷道道碴面起 1.6 m 的高度内，必须留有宽 0.8 m（综合机械化采煤及无轨胶轮车运输的矿井为 1 m）以上的人行道，管道吊挂高度不得低于 1.8 m。（　　）

685. 采煤工作面必须及时支护，严禁空顶作业。（　　）

686. 雷管和炸药必须分库存放。（　　）

687. 地面分库贮存各种爆炸物品的数量，不得超过由该库所供应矿井 3 个月的计划需要量。（　　）

688. 贮存爆炸物品的各硐室、壁槽的间距，应大于殉爆安全距离。（　　）

689. 库房两端的通道与库房连接处不用设置齿形阻波墙。（　　）

690. 建井期间的爆炸物品发放硐室必须有独立通风系统。必须制定预防爆炸物品爆炸的安全措施。（　　）

691. 发放硐室应有单独的发放间，发放硐室出口处必须设有 1 道能自动关闭的抗冲击波活门。（　　）

692. 有瓦斯涌出的掘进巷道的回风流，不得进入有架线的巷道中。（　　）

693. 低瓦斯矿井的主要回风巷可使用架线电机车。（　　）

694. 使用的矿用防爆型柴油动力装置，油箱最大容量不得超过 8 h 用油量。（　　）

695. 蓄电池动力装置的充电硐室内的电气设备应采用矿用防爆型。（　　）

696. 矿井轨道同一线路必须使用同一型号钢轨。（　　）

697. 架空线悬挂高度、与巷道顶或棚梁之间的距离等，应保证机车的安全运行。（　　）

698. 煤矿企业每年应进行 1 次作业场所职业病危害因素检测，每 3 年进行 1 次职业病危害现状评价。检测、评价结果存入煤矿企业职业卫生档案，不用向从业人员公布。（　　）

699. 地方政府安全生产监督部门应开展职业病危害因素日常监测，配备监测人员和设备。（　　）

700. 装有爆炸物品的列车可以同时运送其他物品或工具。（　　）

701. 作业人员必须正确使用防尘或防毒等个体防护用品。（　　）

702. 不得使用过期或变质的爆炸物品。（　　）

703. 人员入井（场）前严禁过量饮酒。（　　）

704. 应装有在输送机全长任何地点可由乘坐人员或其他人员操作的紧急停车装置即急停装置。（　　）

705. 倾斜井巷运送人员的人车必须有跟车人，跟车人应坐在设有手动制动装置把手的位置。（　　）

706. 倾斜井巷内使用串车提升时，必须在倾斜井巷内安设能够将运行中断绳、脱钩的车辆阻止住的跑车防护装置。（　　）

707. 倾斜井巷串车提升时，阻车器或挡车栏平时应处在打开状态，往倾斜井巷内推车时方准关闭，以免误操作发生跑车事故。（　　）

708. 运送人员应使用专用人车，严禁超员。（　　）

709. 立井中升降人员应使用罐笼。（　　）

710. 禁止在同一层罐笼内，人员与物料混合提升。（　　）

711. 提升矿车的罐笼内必须装有阻车器。（　　）

712. 罐门或罐帘下部边缘至罐底的距离不得超过 200 mm。（　　）

713. 提升系统各部分每天至少由专职人员检查 1 次，发现问题，立即处理，检查和处理结果都应详细记录。（　　）

714. 提升系统各部分每月还必须至少组织有关人员进行 1 次全面检查，检查和处理结果不用记。（　　）

715. 井底车场的信号工可以直接向绞车司机发送紧急停车信号。（　　）

716. 单容器提升时，井底车场的信号工可以直接向绞车司机发送开、停车信号。（　　）

717. 用多层罐笼升降人员或物料时，信号系统可不设有保证按顺序发出信号的闭锁装置。（　　）

718. 倾斜井巷中升降人员或升降人员和物料的提升机钢丝绳缠绕层数不超过 2 层，升降物料的不超过 3 层。（　　）

719. 立井中专为升降物料的提升机卷筒上钢丝绳缠绕层数不超过 2 层。（　　）

720. 缠绕式提升机应加设定车装置。（　　）

721. 提升机应设置机械制动和电气制动装置。（　　）

722. 新安装的矿井提升机，必须验收合格后方可投入运行。（　　）

723. 制动系统图、电气系统图、提升装置的技术特征和岗位责任制等应悬挂在提升机房内。（　　）

724. 矿井必须备有井上、下配电系统图。（　　）

725. 每天必须对低压漏电保护进行 1 次跳闸试验。（　　）

726. 电缆可以悬挂在管道上，不得遭受淋水。（　　）

727. 严禁用电机车架空线作照明电源。（　　）

728. 矿灯房取暖应用蒸汽或热水管式设备，禁止采用明火取暖。（　　）

729. 井下照明和信号的配电装置，应具有短路、过负荷和漏电保护的照明信号综合保护功能。（　　）

730. 作业人员必须正确使用防尘或防毒等个体防护用品。（　　）

731. 煤矿企业必须按照国家有关规定，对从业人员上岗前、在岗期间和离岗时进行职业健康检查，建立职业健康档案，并将检查结果书面告知从业人员。（　　）

732. 任何人都可以挪用紧急避险设施内的设备和物品。（　　）

733. 避灾路线指示应设置在不易受到碰撞的显著位置，在矿灯照明下清晰可见，并应标注所在位置。（　　）

734. 人员入井（场）前严禁过量饮酒。（　　）

735. 煤炭行业施行的其他规程、规范同《煤矿安全规程》相抵触之处，应参照比较执行。（　　）

736. 严禁下山剃头开采。（　　）

737. 采煤工作面必须保持至少 2 个畅通的安全出口。（　　）

738. 水采工作面必须采用矿井全风压通风。（　　）

739. 掘工作面的进风流中，二氧化碳浓度不超过 0.75%，按体积浓度计

算。（　　　）

740. 煤矿井下主要进、回风巷最高允许风速为 10 m/s。（　　　）

741. 进风井口只要布置在粉尘不能侵入的地方就符合规定。（　　　）

742. 溜煤眼不得兼作通风眼使用。（　　　）

743. 装有带式输送机的井筒兼作回风井时，井筒中的风速不得超过 6 m/s，且必须装设甲烷断电仪。（　　　）

744. 井下可以安设辅助通风机。（　　　）

745. 严禁主要通风机房兼作他用。（　　　）

746. 巷道贯通时，必须由专人在现场统一指挥。（　　　）

747. 同一采区内采煤工作面与其相连接的掘进工作面，布置独立通风有困难时，在制定措施后，可采用串联通风，但串联通风的次数不得超过 1 次。（　　　）

748. 严禁在停风或瓦斯超限的区域内作业。（　　　）

749. 在有油气爆炸危险的矿井中，应使用便携式甲烷检测报警仪检查各个地点的油气浓度。（　　　）

750. 未进行工作面预测的采掘工作面视为突出危险工作面。（　　　）

751. 井下可以使用电炉。（　　　）

752. 采用均压技术防灭火时，必须有专人定期观测与分析采空区和火区的漏风量、漏风方向、空气温度、防火墙内外空气压差等的状况，并记录在专用的防火记录簿内。（　　　）

753. 与封闭采空区连通的各类废弃钻孔必须永久封闭。（　　　）

754. 采掘工作面风量不足，严禁装药、爆破。（　　　）

755. 低瓦斯矿井的主要回风巷可使用架线电机车。（　　　）

756. 运送人员应使用专用人车，严禁超员。（　　　）

757. 人员上下井时，必须遵守乘罐制度，听从领导指挥。开车信号发出后不应进出罐笼。（　　　）

758. 安全监控系统可以不实时上传监控数据。（　　　）

759. 突出矿井采煤工作面进风巷必须安设甲烷传感器。（　　　）

760. 突出煤层掘进巷道回风流中可以不设置风速传感器。（　　　）

761. 主要风门应设置风门开关传感器。（　　　）

762. 下井人员可以不携带标识卡。（　　　）

763. 作业人员可使用防尘或防毒等个体防护用品。（　　　）

764. 作业人员必须正确使用防尘或防毒等个体防护用品。（　　　）

765. 井工煤矿采煤工作面回风巷应安设风流净化水幕。（　　）

766. 硫化氢至少每月监测 1 次。（　　）

767. 人员入井（场）前严禁过量饮酒。（　　）

768. 有突出危险煤层的新建矿井必须先抽后建。矿井建设开工前，首采区突出煤层应开始地面钻井预抽采空区瓦斯。（　　）

769. 严禁下山剃头开采。（　　）

770. 采煤工作面必须保持至少 2 个畅通的安全出口。（　　）

771. 采煤工作面必须及时支护，严禁空顶作业。（　　）

772. 严格执行敲帮问顶及围岩观测制度。（　　）

773. 通风安全检测仪表由生产经营单位进行检验。（　　）

774. 井下可以安设辅助通风机。（　　）

775. 巷道贯通时，必须由专人在现场统一指挥。（　　）

776. 严禁在停风或瓦斯超限的区域内作业。（　　）

777. 突出矿井必须建立地面永久抽采瓦斯系统。（　　）

778. 开拓前区域预测为无突出危险区内的煤层，所有井巷揭煤作业必须采取区域或局部综合防突措施。（　　）

779. 开采保护层时，不能同时抽采被保护层的瓦斯。（　　）

780. 新建矿井的突出煤层不得将在本巷道施工顺煤层钻孔预抽煤巷条带瓦斯作为区域防突措施。（　　）

781. 采用预抽煤层瓦斯防突措施的区域，必须将区域防突措施效果进行检验。（　　）

782. 在煤巷掘进工作面第一次执行局部防突措施或无措施超前距时，必须采取小直径钻孔排放瓦斯等防突措施，只有在工作面前方形成 10 m 以上的安全屏障后，方可进入正常防突措施循环。（　　）

783. 工作面回风系统中有人作业的地点，应设置压风自救装置。（　　）

784. 井下可以使用电炉。（　　）

785. 采掘工作面出现透水征兆，可以边探放水边生产。（　　）

786. 井下可以用煤电钻进行探放水。（　　）

787. 采掘工作面风量不足，严禁装药、爆破。（　　）

788. 人员乘坐人车时，若采取安全措施可在机车上或任何 2 车厢之间搭乘。（　　）

789. 运送人员应使用专用人车，严禁超员。（　　）

790. 立井中升降人员应使用罐笼。（　　）

791. 人员上下井时，必须遵守乘罐制度，听从领导指挥。 开车信号发出后不应进出罐笼。（　　）

792. 主要通风机、提升人员的提升机、抽采瓦斯泵、地面安全监控中心等主要设备房，应各有双电源直接由变（配）电所馈出的供电线路。（　　）

793. 防爆性能遭受破坏的电气设备，必须立即处理或更换，严禁继续使用。（　　）

794. 安全监控系统可以不实时上传监控数据。（　　）

795. 采煤工作面回风巷甲烷传感器的断电浓度可设置为 1.5%。（　　）

796. 突出矿井采煤工作面进风巷必须安设甲烷传感器。（　　）

797. 采煤机可以不设置甲烷断电仪或便携式甲烷检测报警仪。（　　）

798. 主要风门应设置风门开关传感器。（　　）

799. 下井人员可以不携带标识卡。（　　）

800. 作业人员必须正确使用防尘或防毒等个体防护用品。（　　）

801. 井工煤矿采煤工作面回风巷应安设风流净化水幕。（　　）

802. 班组长必须具有专职救援人员的知识和能力，能够在发生险情后第一时间组织矿工自救互救和安全避险。（　　）

803. 外来人员应经过安全和应急基本知识培训，掌握自救器使用方法，并签字确认后方可入井。（　　）

参 考 答 案

一、单选题

1–5 CACAB	6–10 CCAAB	11–15 ACCCB	16–20 CAAAB
21–25 BAABA	26–30 CAACC	31–35 AAAAA	36–40 ACBCC
41–45 BACCA	46–50 ABBCA	51–55 BBACB	56–60 BAABC
61–65 AACAC	66–70 ACBAC	71–75 ABBCA	76–80 CAABA
81–85 AABBB	86–90 CACAC	91–95 AAAAC	96–100 BBBBC
101–105 CABCA	106–110 CBCAA	111–115 ABBAB	116–120 CBBBB
121–125 BCBBC	126–130 BCBAA	131–135 CBABA	136–140 BACCB
141–145 CCCBA	146–150 BAAAA	151–155 BCAAC	156–160 CCAAC
161–165 ABBAC	166–170 BABBA	171–175 CABCC	176–180 BACCB
181–185 BCAAB	186–190 BBBCA	191–195 CCABC	196–200 AABCA
201–205 BBCCC	206–210 BCABC	211–215 ACAAA	216–220 AAAAA
221–225 BABAA	226–230 AACAB	231–335 CBBCC	236–240 BACBB
241–245 CCBBB	246–250 CBCCA	251–255 BCCBA	256–260 CBBBA
261–265 ABBCA	266–270 BBACA	271–275 CACBA	276–280 ABCCA
281–285 AAABA	286–290 CCACB	291–295 AABBC	296–300 ACBCB
301–305 ACBCC	306–310 CBBBB	311–315 AABCC	316–320 AAACA
321–325 ACBCB	326–330 CCCBB	331–335 CACBC	336–340 BAACA
341–345 CACAA	346–350 AACBC	351–355 AAABA	356–360 AACCA
361–365 AABBB	366–370 CBBBC	371–375 ABCBA	376–380 CAACB
381–385 ACCAC	386–390 CBBBA	391–395 BCABA	396–400 BBCAC
401–405 ABAAC	406–410 BABBA	411–415 CABCB	416–420 CACCB
421–425 AAACC	426–430 ACBCB	431–435 BAACB	436–440 CBCBC
441–445 BCABB	446–450 BABBB	451–455 BBBCA	456–460 BABAB
461–465 ACCAB	466–470 BBCAB	471–475 CBCBB	476–480 ABCBA
481–485 AABBA	486–490 ACCAB	491–495 CCABC	496–500 CCAAC
501–505 CBCBA	506–510 CCBAB	511–515 CBCCA	516–519 BBCB

二、多选题

1. ABCD	2. ABCD	3. ABCD	4. CD	5. AC	6. ABC
7. ABCD	8. ABC	9. ABCD	10. AD	11. ACD	12. CD
13. AD	14. ABCD	15. AC	16. ABCD	17. ABD	18. ABCD
19. ABC	20. ABCD	21. AB	22. AC	23. CD	24. BD
25. AC	26. ABCD	27. ABCD	28. ABCD	29. BC	30. ABCD
31. AB	32. ABC	33. BC	34. ABCD	35. ABCD	36. ABCD
37. AB	38. AC	39. AB	40. ACD	41. BC	42. AB
43. ABC	44. ABC	45. AB	46. ABC	47. AB	48. ABD
49. ABCD	50. AC	51. ABCD	52. ABCD	53. BC	54. ABCD
55. AC	56. AC	57. AB	58. ABCD	59. ABCD	60. ABD
61. AB	62. AB	63. AB	64. ABCD	65. ABD	66. ABCD
67. ABCD	68. AC	69. ABCD	70. ABC	71. ABCD	72. BC
73. ABD	74. ABC	75. BCD	76. AD	77. AB	78. ABCD
79. AB	80. ABCD	81. AC	82. ABCD	83. ABCD	84. AB
85. BD	86. BD	87. AC	88. AB	89. AC	90. AB
91. AC	92. BD	93. ACD	94. BC	95. BCD	96. ABD
97. BC	98. AC	99. ABCD	100. ABCD	101. AB	102. ABCD
103. ABCD	104. ABCD	105. ABCD	106. ACD	107. AB	108. ABCD
109. BD	110. ABCD	111. AC	112. ABD	113. ABCD	114. ABC
115. ABC	116. ABC	117. ABC	118. ABC	119. BD	120. BCD
121. BD	122. ABCD	123. CD	124. BC	125. ACD	126. AD
127. ABCD	128. BD	129. BD	130. ABC	131. ABC	132. ABD
133. AD	134. ABD	135. AB	136. AB	137. ABD	138. AC
139. AB	140. ABC	141. ABC	142. BD	143. AB	144. ABD
145. BC	146. AD	147. ACD	148. ACD	149. AC	150. ABC
151. BC	152. ABC	153. ABC	154. ABCD	155. ACD	156. ABC
157. AB	158. ABC	159. ABC	160. BC	161. AD	162. ABCD
163. ABCD	164. ABCD	165. ABD	166. AB	167. ABCD	168. ABC
169. ABCD	170. ABC	171. ABCD	172. ABCD	173. AB	174. ABCD
175. ABD	176. ABCD	177. ABCD	178. ABCD	179. ABCD	180. AB
181. BC	182. AD	183. AD	184. BD	185. BCD	186. ABC

187. ABC	188. ABCD	189. ABD	190. ABD	191. ABCD	192. ABCD
193. AB	194. ABCD	195. AB	196. AB	197. ABC	198. AB
199. BC	200. BC	201. BCD	202. BCD	203. ABC	204. AB
205. BCD	206. AB	207. ABCD	208. CD	209. AB	210. AB
211. BD	212. ABC	213. ABC	214. ABC	215. ABCD	216. ABCD
217. ABCD	218. CD	219. ABCD	220. ABCD	221. ABCD	222. ABCD
223. ABC	224. ABC	225. ABCD	226. ABC	227. ABCD	228. ABCD
229. ABCD	230. ABCD	231. BCD	232. ACD	233. CD	234. BD
235. BD	236. BC	237. AB	238. BC	239. ABCD	240. CD
241. ABCD	242. ABC	243. AD	244. ABC	245. ABD	246. ACD
247. ABCD	248. ABCD	249. ACD	250. ABC	251. ABCD	252. ABCD
253. ABCD	254. AB	255. ABC	256. ABCD	257. ABCD	258. AB
259. ABCD	260. AB	261. AD	262. AB	263. AB	264. AB
265. CD	266. ABCD	267. AB	268. ABD	269. BC	270. AB
271. CD	272. AB	273. BC	274. BCD	275. AB	276. BC
277. AC	278. AC	279. AC	280. ABCD	281. AB	282. BCD
283. ABCD	284. ABD	285. AC	286. CD	287. AB	288. ABC
289. BD	290. BC	291. BC	292. AB	293. ABCD	294. BCD
295. BC	296. ABC	297. ABCD	298. AC	299. ABCD	300. ABCD
301. BC	302. BC	303. ABC	304. BD	305. BCD	306. AC
307. ABCD	308. AC	309. BC	310. ABC	311. AB	312. ABD
313. BC	314. BC	315. ABC	316. ABCD	317. BC	318. BC
319. ABC	320. ABC	321. AC	322. AC	323. AD	324. ABC
325. AB	226. AB	227. CD	328. AC	329. ABCD	330. AB
331. ABD	332. ABCD	333. BC	334. AB	335. BC	336. AB
337. AB	338. BD	339. AC	340. ABD	341. ABCD	342. AB
343. BC	344. AB	345. ABCD	346. BC	347. BC	348. ABCD
349. ABC	350. ABC	351. ABCD	352. ABC	353. ABC	354. ABCD
355. ABCD	356. ABC	357. ABCD	358. BD		

三、判断题

1-5 ×××√×	6-10 √√√√√	11-15 √√√√×
16-20 √√√√√	21-25 √√√√√	26-30 √√√√√

31-35 √√××√　　　36-40 ×√×√√　　　41-45 √√√√√

46-50 √√×√√　　　51-55 √√×√√　　　56-60 ××√×√

61-65 ×√√×√　　　66-70 ××√××　　　71-75 √×√√×

76-80 ×××√√　　　81-85 √×√√√　　　86-90 √√××√

91-95 ×√√√√　　　96-100 √√√√√　　　101-105 √√√√×

106-110 √×√√×　　　111-115 ××××√　　　116-120 √×√×√

121-125 √√×√√　　　126-130 √√√√√　　　131-135 √√√√√

136-140 √√√√√　　　141-145 √√√×√　　　146-150 √××√×

151-155 √√√√×　　　156-160 √√√√√　　　161-165 √√×√√

166-170 ××√√×　　　171-175 ×√√√√　　　176-180 ×√√√√

181-185 √√√√√　　　186-190 √×√√×　　　191-195 √×××

196-200 √√√√√　　　201-205 ×√×√×　　　206-210 ×√×√√

211-215 √√√√√　　　216-220 √×√√√　　　221-225 ×√√××

226-230 √√×√×　　　231-335 ××××√　　　236-240 ×√√√√

241-245 √√×√√　　　246-250 √√√×√　　　251-255 ×√×√×

256-260 ××√√√　　　261-265 √√√√×　　　266-270 √√×××

271-275 √√√×√　　　276-280 √×√√√　　　281-285 √√×××

286-290 √√√×√　　　291-295 √√√√×　　　296-300 ×√√√√

301-305 √√√√√　　　306-310 ××√√√　　　311-315 ××√√√

316-320 √×√√√　　　321-325 √√√×√　　　326-330 ×√×××

331-335 √√×√√　　　336-340 ×××√√　　　341-345 ×××√×

346-350 √√×√×　　　351-355 ××√√√　　　356-360 ××√×√

361-365 ××√××　　　366-370 √√√√√　　　371-375 √×√×√

376-380 √×××√　　　381-385 √√√×√　　　386-390 ××√√×

391-395 √√√√√　　　396-400 √√√×√　　　401-405 √√√××

406-410 ××√√√　　　411-415 √×××√　　　416-420 √××√√

421-425 √√√×√　　　426-430 √√√√√　　　431-435 ×××√√

436-440 ×√√√×　　　441-445 √×√√√　　　446-450 √√√××

451-455 √√√√×　　　456-460 ×√√××　　　461-465 √√×√√

466-470 √××××　　　471-475 √√√√√　　　476-480 ×√√√√

481-485 √√√√×　　　486-490 ×√√××　　　491-495 ×√×√×

496-500 √√×√×　　　501-505 √√×√√　　　506-510 √√√√√

511-515 ××√√√　　　516-520 √√√××　　　521-525 √√√×√

526-530 √√√√× 531-535 √√√√×× 536-540 √√×××
541-545 √√√√√ 546-550 √√√√× 551-555 ××√√×
556-560 √√√√√ 561-565 √√×√√ 566-570 √××√√
571-575 ×√×√√ 576-580 √√√√×√ 581-585 √√√√√
586-590 √√√√√ 591-595 ×××√× 596-600 ×√×√×
601-605 √×√√√ 606-610 ×√√×√ 611-615 ××√××
616-620 √√√×× 621-625 ××√√× 626-630 √×√×√
631-635 ××√√√ 636-640 √×√√√ 641-645 ×√×××
646-650 √√√×√ 651-655 ×√×√√ 656-660 √√√××
661-665 √√××× 666-670 √××√√ 671-675 √××××
676-680 ×√√×× 681-685 ××√√√ 686-690 √√√×√
691-695 √√×√√ 696-700 √√××× 701-705 √√×√√
706-710 √×√√√ 711-715 √×√×√ 716-720 √×√√√
721-725 √√√√√ 726-730 ×√√√√ 731-735 √×√××
736-740 √√√×× 741-745 ×√√√× 746-750 √√√×√
751-755 ×√√√× 756-760 √××√× 761-765 √××√√
766-770 √××√√ 771-775 √√××√ 776-780 √√√×√
781-785 √×√×× 786-790 ×√×√√ 791-795 ××√××
796-800 √×√×√ 801-803 √××

第二部分
《防治煤与瓦斯突出》考核题库

一、**单选题**

1. 区域防突措施应当优先采用开采（　　　）。

    A. 保护层　　　　　　　　B. 非保护层　　　　　　　C. 解放层

2. 矿井的（　　　）对防突工作负技术责任，组织编制、审批、检查防突工作规划、计划和措施。

    A. 技术负责人　　　　　　B. 安全负责人　　　　　　C. 矿长

3. 《防治煤与瓦斯通风细则》规定，煤矿企业、矿井的（　　　）部门负责对防突工作的监督检查。

    A. 安全监察　　　　　　　B. 突出防治　　　　　　　C. 通风管理

4. 矿长和矿井技术负责人应当（　　　）至少一次到现场检查各项防突措施的落实情况。

    A. 每天　　　　　　　　　B. 每周　　　　　　　　　C. 每月

5. 突出矿井的（　　　）是本单位防突工作的第一责任人。

    A. 矿总工程师　　　　　　B. 矿长　　　　　　　　　C. 安全矿长

6. 突出煤层的每个煤巷掘进工作面和采煤工作面都应当编制工作面专项防突设计，报（　　　）批准。

    A. 矿主要负责人　　　　　B. 矿分管副总　　　　　　C. 矿技术负责人

7. 《防治煤与瓦斯突出细则》规定，突出矿井矿长应当（　　　）进行防突专题研究，检查、部署防突工作。

    A. 每周　　　　　　　　　B. 每月　　　　　　　　　C. 每季度

8. 《防治煤与瓦斯突出细则》规定，突出矿井的矿长应当（　　　）至少一次到现场检查各项防突措施的落实情况。

    A. 每月　　　　　　　　　B. 每季度　　　　　　　　C. 每半年

9. 《防治煤与瓦斯突出细则》要求，突出矿井应当编制突出事故（　　　）。

    A. 应急预案　　　　　　　B. 应急措施　　　　　　　C. 应急方案

10. 突出矿井的主要负责人、技术负责人应当接受符合条件的煤矿安全培训机构组织的（　　　）。

    A. 防突专门培训　　　　　B. 防突专业培训　　　　　C. 防突专项培训

11. 突出危险工作面必须采取工作面防突措施，并进行措施效果（　　　）。

    A. 检验　　　　　　　　　B. 预测　　　　　　　　　C. 验证

12. 关于采煤工作面防突措施的效果检验基本要求。下列说法错误的是（　　　）。

    A. 如果采煤工作面检验指标均大于指标临界值，且未发现其他异常情况，

则措施有效；否则，判定为措施无效

B. 当检验结果措施有效时，若检验孔与防突措施钻孔深度相等，则可在留足防突措施超前距，并采取安全防护措施的条件下回采

C. 当检验孔的深度小于防突措施钻孔时，则应当在留足所需的防突措施超前距并同时保留有 2 m 检验孔超前距的条件下，采取安全防护措施后实施回采作业

13. 无突出危险工作面必须在采取（　　）并保留足够的突出预测超前距或防突措施超前距的条件下进行采掘作业。

A. 安全技术措施　　　　B. 安全防护措施　　　　C. 安全检查措施

14. 煤巷掘进和回采工作面应保留的最小预测超前距均为（　　）。

A. 5 m　　　　　　　　B. 3 m　　　　　　　　C. 2 m

15. 在揭煤工作面掘进至距煤层最小法向距离（　　）之前，应当至少打两个穿透煤层全厚且进入顶（底）板不小于 0.5 m 的前探取芯钻孔，并详细记录岩芯资料。

A. 5 m　　　　　　　　B. 10 m　　　　　　　　C. 15 m

16. 《防治煤与瓦斯突出细则》规定，突出矿井应当编制突出事故（　　）。

A. 现场急救方案　　　　B. 现场处置方案　　　　C. 应急预案

17. 在地质构造复杂、岩石破碎的区域，揭煤工作面掘进至距煤层最小法向距离（　　）之前必须布置一定数量的前探钻孔，以保证能确切掌握煤层厚度、倾角变化、地质构造和瓦斯情况。

A. 20 m　　　　　　　　B. 10 m　　　　　　　　C. 5 m

18. 《防治煤与瓦斯突出细则》规定，揭煤作业前应编制揭煤的（　　），报煤矿企业技术负责人批准。

A. 专项安全措施　　　　B. 专项技术措施　　　　C. 专项防突设计

19. 《防治煤与瓦斯突出细则》规定，有突出矿井的煤矿企业主要负责人应当（　　）进行防突专题研究，检查、部署防突工作；保证防突科研工作的投入，解决防突所需的人力、财力、物力。

A. 每月　　　　　　　　B. 每季度　　　　　　　　C. 每半年

20. 下列关于新建矿井和煤层的突出危险性评估的说法错误的是（　　）。

A. 鉴定工作应当在巷道煤层前开始

B. 建井前评估结论作为矿井立项、初步设计和指导建井期间揭煤作业的依据

C. 地质勘探单位应当查明矿床瓦斯地质情况

21. 下列情况中，不属于应当立即进行突出煤层鉴定的是（ ）。

   A. 煤层未出现瓦斯动力现象的

   B. 相邻矿井开采的同一煤层发生突出的

   C. 煤层瓦斯压力达到或者超过 0.74 MPa 的

22. 防突工作坚持区域防突措施先行、局部防突措施补充的原则，未按要求采取区域综合防突措施的，（ ）进行采掘活动。

   A. 不应　　　　　　　　B. 不得　　　　　　　　C. 严禁

23. 在煤巷掘进工作面和回采工作面分别采用本规定第七十四条、第七十八条所列的工作面预测方法对无突出危险区进行区域验证时，下列不符合要求的是（ ）。

   A. 在工作面进入该区域时，立即连续进行至少两次区域验证

   B. 在构造破坏带连续进行区域验证

   C. 在煤巷掘进工作面还应当至少打 1 个超前距不小于 50 m 的超前钻孔或者采取超前物探措施，探测地质构造和观察突出预兆

24. 关于工作面预测的定义及预测结果的判定，说法正确的是（ ）。

   A. 突出矿井采掘工作面经工作面预测后划分为突出危险工作面、突出威胁工作面、无突出危险工作面

   B. 工作面预测应当在工作面推进过程中进行，经工作面预测后划分为突出危险工作面和无突出危险工作面

   C. 突出矿井未进行工作面预测的掘进工作面，只要掘进前绝对瓦斯涌出量不超过 3 m³/min，应当视为无突出危险工作面

25. 煤巷掘进工作面采用松动爆破防突措施时，松动爆破钻孔的孔径一般为 42 mm，孔深不得小于（ ）。

   A. 3 m　　　　　　　　B. 5 m　　　　　　　　C. 8 m

26. 煤巷掘进工作面采用松动爆破防突措施时，松动爆破应至少控制到巷道轮廓线外（ ）的范围。

   A. 3 m　　　　　　　　B. 5 m　　　　　　　　C. 8 m

27. 依据《防治煤与瓦斯突出细则》规定，突出煤层必须采取两个"四位一体"综合防突措施，做到多措并举、可保必保、（ ），否则严禁采掘活动。

   A. 措施到位、指标达标

   B. 管理到位、效果达标

   C. 应抽尽抽、效果达标

28. 穿层钻孔或者顺层钻孔预抽区段煤层瓦斯区域防突措施的钻孔应当控制区段

内整个回采区域、两侧回采巷道及其外侧如下范围内的煤层：倾斜、急倾斜煤层巷道上帮轮廓线外至少（　　）。

　　A. 5 m　　　　　　　　B. 10 m　　　　　　　　C. 20 m

29. 《防治煤与瓦斯突出细则》规定，突出矿井煤矿企业、矿井进行安全检查时，必须检查（　　）的编制、审批和贯彻执行情况。

　　A. 区域防突措施　　　　B. 综合防突措施　　　　C. 现场防突措施

30. 突出矿井在揭煤工作面掘进至距煤层最小法向距离（　　）之前，应当至少打两个前探取芯钻孔。

　　A. 10 m　　　　　　　　B. 30 m　　　　　　　　C. 30 m

31. 井巷揭煤工作面距煤层法向距离（　　）至进入顶（底）板 2 m 的范围，均应当采用远距离爆破掘进工艺。

　　A. 2 m　　　　　　　　B. 3 m　　　　　　　　C. 4 m

32. 对井巷揭煤工作面进行防突措施效果检验时，采用钻屑瓦斯解吸指标法时，检验孔数均不得少于（　　）个。

　　A. 2　　　　　　　　　B. 4　　　　　　　　　C. 5

33. 突出矿井的通风系统应当符合下列要求的是（　　）。

　　A. 突出矿井、有突出煤层的采区、突出煤层工作面都有独立的回风系统。采区回风巷是通用回风巷

　　B. 突出矿井采煤工作面的进风巷内甲烷传感器应当安设在距工作面 10 m 以内的位置

　　C. 在突出煤层中，可以任何两个采掘工作面之间串联通风

34. 突出矿井煤巷掘进工作面采用超前钻孔作为工作面防突措施时，急倾斜煤层下帮（　　）。

　　A. 3 m　　　　　　　　B. 5 m　　　　　　　　C. 7 m

35. 突出矿井煤巷掘进工作面应保留的最小预测超前距为（　　）。

　　A. 1 m　　　　　　　　B. 3 m　　　　　　　　C. 5 m

36. 突出矿井回采工作面应保留的最小预测超前距为（　　）。

　　A. 1 m　　　　　　　　B. 3 m　　　　　　　　C. 5 m

37. 在地质构造复杂、岩石破碎的区域，揭煤工作面掘进至距煤层最小法向距离（　　）之前必须布置一定数量的前探钻孔。

　　A. 10 m　　　　　　　　B. 30 m　　　　　　　　C. 30 m

38. 煤巷掘进工作面采用松动爆破防突措施时，松动爆破应至少控制到巷道轮廓线外（　　）的范围。

    A. 2 m   B. 3 m   C. 5 m

39. 采用钻屑瓦斯解吸指标对穿层钻孔预抽石门揭煤区域煤层瓦斯区域防突措施进行检验时，要对距本煤层法向距离小于（   ）的平均厚度大于（   ）的邻近突出煤层一并检验。

    A. 4 m；0.2 m   B. 5 m；0.2 m   C. 5 m；0.3 m

40. 有突出危险的煤巷掘进工作面应当优先选用（   ）防突措施。

    A. 超前钻孔   B. 松动爆破   C. 水力冲孔

41. 突出矿井煤巷掘进工作面采用超前钻孔作为工作面防突措施时，缓倾斜煤层巷道两侧轮廓线外钻孔的最小控制范围为（   ）。

    A. 3 m   B. 5 m   C. 20 m

42. 突出矿井煤巷掘进工作面采用超前钻孔作为工作面防突措施时，倾斜煤层上帮（   ）。

    A. 5 m   B. 7 m   C. 10 m

43. 掘进工作面与煤层巷道交叉贯通前，被贯通的煤层巷道必须超过贯通位置，其超前距不得小于 5 m，并且贯通点周围（   ）内的巷道应加强支护。

    A. 10 m   B. 30 m   C. 50 m

44. 突出矿井煤巷掘进工作面采用超前钻孔作为工作面防突措施时，急倾斜煤层上帮（   ）。

    A. 5 m   B. 7 m   C. 10 m

45. 突出矿井煤巷掘进工作面采用超前钻孔作为工作面防突措施时，倾斜煤层下帮（   ）。

    A. 2 m   B. 3 m   C. 7 m

46. 下列关于区域综合防突措施的基本程序和要求中，错误的是（   ）。

    A. 区域预测结果为无突出危险区的应当由煤矿企业主要负责人批准

    B. 经区域预测后，突出煤层划分为突出危险区和无突出危险区

    C. 新水平或者新采区内平均厚度在 0.3 m 以上的煤层进行区域突出危险性评估，评估结论作为新水平和新采区设计以及揭煤作业的依据

47. 有突出危险煤层的新建矿井或者突出矿井，开拓新水平的井巷第一次揭穿（开）厚度为（   ）及以上煤层时，必须超前探测煤层厚度及地质构造参数。

    A. 0.2 m   B. 0.3 m   C. 0.5 m

48. 煤巷掘进工作面采用超前钻孔作为工作面防突措施时，当煤层厚度大于巷道高度时，在垂直煤层方向上的巷道下部煤层控制范围不小于（   ）。

    A. 1 m   B. 3 m   C. 7 m

49. 煤巷掘进工作面采用松动爆破防突措施时，应当符合下列要求：钻孔的孔径一般为 42 mm，孔深不得小于（　　　）。

    A. 6 m   B. 8 m   C. 10 m

50. 采煤工作面采用超前排放钻孔和预抽瓦斯作为工作面防突措施时，钻孔直径一般为（　　　）。

    A. 42 mm   B. 75~120 mm   C. 120 mm 以上

51. 如果煤巷掘进工作面措施效果检验指标均（　　　）指标临界值，且未发现其他异常情况，则措施有效。

    A. 大于   B. 等于   C. 小于

52. 预抽煤层瓦斯可采用的方式不包括（　　　）。

    A. 定向长钻孔预抽煤巷条带煤层瓦斯

    B. 井下顺层钻孔预抽区段煤层瓦斯

    C. 仅石门揭煤区域煤层瓦斯

53. 采煤工作面的松动爆破孔间距根据实际情况确定，一般 2~3 m，孔深不小于 5 m，炮泥封孔长度不得小于（　　　）。

    A. 0.5 m   B. 1 m   C. 3 m

54. 关于揭煤作业及揭煤作业的具体程序和说法，错误的是（　　　）。

    A. 探明揭煤工作面和煤层的相对位置

    B. 在岩石巷道与煤层连接处加强支护

    C. 在与煤层保持适当距离的位置进行工作面预测

55. 穿层钻孔的封孔段长度不得小于（　　　），顺层钻孔的封孔段长度不得小于（　　　）。

    A. 5 m；5 m   B. 5 m；8 m   C. 3 m；8 m

56. 当采用残余瓦斯压力、残余瓦斯含量检验时，应当根据实测的（　　　）残余瓦斯压力或者最大残余瓦斯含量按《防治煤与瓦斯突出规定》的方法对预计被保护区域的保护效果进行判断。

    A. 最大   B. 最小   C. 平均

57. 煤巷掘进工作面执行防突措施后，采用钻屑指标法检验孔应当不少于（　　　）个。

    A. 2   B. 3   C. 5

58. 采用钻屑瓦斯解吸指标法预测井巷揭煤工作面突出危险性时，在钻孔钻进到煤层时每钻进 1 m 采集一次孔口排出的粒径（　　　）的煤钻屑，测定其瓦斯

解吸指标 K_1 或者 Δh_2 值。

    A. 1~3 mm   B. 1~2 mm   C. 2~3 mm

59. 采用钻屑指标法预测煤巷掘进工作面突出危险性时，预测钻孔从第（   ）深度开始，每钻进 1 m 测定该 1 m 段的全部钻屑量 S，每钻进（   ）至少测定 1 次钻屑瓦斯解吸指标 K_1 或者 Δh_2 值。

    A. 1 m；1 m   B. 3 m；1 m   C. 2 m；2 m

60. 下列关于区域措施钻孔定位及实施的方法和要求中，错误的是（   ）。

    A. 预抽瓦斯钻孔封堵必须严密

    B. 厚煤层或者煤层明显变厚时，采取顺层钻孔预抽煤层瓦斯区域防突措施应当增加钻孔数量

    C. 预抽瓦斯浓度高于30%时，应当采取改进封孔的措施，以提高封孔质量。

61. 地质勘查报告应当提供煤层突出危险性的基础资料，其中下列选项不需要提供的基础资料的是（   ）。

    A. 煤层赋存条件及其稳定性

    B. 煤的结构类型及工业分析

    C. 采煤方法

62. 对穿层钻孔预抽煤巷条带煤层瓦斯区域防突措施进行检验时，沿煤巷条带每间隔（   ）至少布置（   ）个检验测试点。

    A. 20~50 m；1   B. 30~60 m；2   C. 30~50 m；1

63. 对定向长钻孔预抽煤巷条带煤层瓦斯区域防突措施进行分段检验时，每段检验的煤巷条带长度不得小于（   ），且每段不得少于（   ）个检验测试点。

    A. 80 m；5   B. 60 m；5   C. 80 m；2

64. 开采煤层群时，在有效保护垂距内存在厚度（   ）及以上的无突出危险煤层的，应当作为保护层首先开采。

    A. 0.5 m   B. 0.6 m   C. 0.7 m

65. 若检验指标达到或者超过临界值，或者出现喷孔、顶钻及其他明显突出预兆时，则以此检验测试点或者发生明显突出预兆的位置为中心，半径（   ）范围内的区域判定为措施无效，仍为突出危险区。

    A. 50 m   B. 100 m   C. 150 m

66. 对穿层钻孔预抽井巷揭煤区域煤层瓦斯区域防突措施进行检验时，至少布置（   ）个检验测试点。

    A. 3   B. 4   C. 5

67. 在揭煤工作面掘进至距煤层最小法向距离（　　）之前，应当至少施工（　　）个穿透煤层全厚且进入顶（底）板不小于（　　）的前探取芯钻孔，并详细记录岩芯资料。

    A. 5 m；2；0.5 m　　　　B. 10 m；2；0.5 m　　　　C. 20 m；1；1 m

68. 井巷揭煤工作面采用超前钻孔预抽瓦斯、超前钻孔排放瓦斯防突措施时，钻孔直径一般为（　　）。

    A. 42~75 mm　　　　　　B. 50~75 mm　　　　　　C. 75~120 mm

69. 突出矿井下山掘进时，不得选用（　　）、水力疏松措施。

    A. 水力冲孔　　　　　　B. 松动爆破　　　　　　C. 超前钻孔

70. 采煤工作面浅孔注水湿润煤体措施，注水孔间距根据实际情况确定，孔深不小于 4 m，向煤体注水压力不得低于（　　）。

    A. 4 MPa　　　　　　　B. 8 MPa　　　　　　　C. 10 MPa

71. 下列说法中不属于突出矿井的通风系统规定的是（　　）。

    A. 突出煤层采掘工作面回风应当直接进入专用回风巷

    B. 突出矿井采煤工作面的进风巷内甲烷传感器应当安设在距工作面 10 m 以内的位置

    C. 可以在井下安设辅助通风机，突出煤层掘进工作面的通风方式采用压入式

72. 反向风门距工作面的距离和反向风门的组数，应当根据掘进工作面的通风系统和预计的突出强度确定，但反向风门距工作面回风巷不得小于（　　）。

    A. 10 m　　　　　　　　B. 8 m　　　　　　　　C. 5 m

73. 在突出煤层的煤巷掘进工作面进风侧，必须设置至少（　　）道牢固可靠的反向风门。

    A. 1　　　　　　　　　B. 3　　　　　　　　　C. 3

74. 关于突出矿井对突出煤层进行区域预测的划分，说法正确的是（　　）。

    A. 经区域预测后，突出煤层划分为突出危险区和无突出危险区

    B. 未进行区域预测的区域不可视为突出危险区

    C. 区域预测分为新水平、新采区开拓前的区域预测

75. 区域预测所依据的主要瓦斯参数测定时，同一地质单元内沿煤层走向布置测试点不少于（　　）个，沿倾向不少于（　　）个，并确保在预测范围内埋深最大及标高最低的部位有测试点。

    A. 2；2　　　　　　　　B. 3；3　　　　　　　　C. 3；2

76. 当煤巷掘进和采煤工作面在预抽煤层瓦斯防突效果有效的区域内作业时，工

作面距未预抽或者预抽防突效果无效区域边界的最小距离不得小于（　　　）。

  A. 15 m   B. 30 m   C. 25 m

77. 下列关于采用 R 值指标法预测煤巷掘进工作面突出危险性时，预测孔数量及布置位置的规定，说法错误的是（　　　）。

  A. 采用 R 值指标法预测煤巷掘进工作面突出危险性时，预测钻孔从第 2 m 深度开始，每钻进 1 m 收集并测定该 1 m 段的全部钻屑量 S，并在暂停钻进后 2 min 内测定钻孔瓦斯涌出初速度 q。

  B. 测定钻孔瓦斯涌出初速度时，测量室的长度为 1.0 m。

  C. 当所有钻孔的 R 值有 >6 且未发现其他异常情况时，该工作面可预测为无突出危险工作面；否则，判定为突出危险工作面。

78. 反向风门墙垛可用砖、料石或混凝土砌筑，嵌入巷道周边岩石的深度可根据岩石的性质确定，但不得（　　　）0.2 m；墙垛厚度不得（　　　）0.8 m。

  A. 小于；大于   B. 小于；小于   C. 大于；小于

79. 在煤巷构筑反向风门时，风门墙体四周必须掏槽，掏槽深度见硬帮硬底后再进入实体煤不小于（　　　）。

  A. 1.5 m   B. 1 m   C. 0.5 m

80. 开采保护层区域防突措施应当符合下列要求，说法错误的是（　　　）。

  A. 开采保护层时，采空区内不得留有煤（岩）柱

  B. 在煤（岩）柱及其影响范围内的突出煤层采掘作业前，可以采取预抽煤层瓦斯区域防突措施

  C. 保护层工作面推进情况在瓦斯地质图上标注，并及时更新

81. 正在开采的保护层采煤工作面必须超前于被保护层的掘进工作面，超前距离不得小于保护层与被保护层之间法向距离的（　　　）倍，并不得小于（　　　）。

  A. 2；90 m   B. 3；100 m   C. 4；100 m

82. 穿层钻孔预抽井巷揭煤区域煤层瓦斯区域防突措施采用钻屑瓦斯解吸指标进行检验的，如果所有实测的指标值均（　　　）临界值且没有喷孔、顶钻等动力现象时，判定区域防突措施有效，否则措施无效。

  A. 等于   B. 大于   C. 小于

83. 在地质构造复杂、岩石破碎的区域，用物探等手段探测煤层的（　　　）、赋存形态和底（顶）板岩石致密性等情况。

  A. 层位   B. 厚度   C. 走向

84. 井巷揭煤工作面的突出危险性预测必须在距突出煤层（　　　）距离 5 m 前

进行。

    A. 最小径向   B. 最小横向   C. 最小法向

85. 无突出危险工作面必须在采取安全防护措施并保留足够的突出预测超前距或防突措施超前距的条件下进行（　　　）作业。

    A. 采煤   B. 掘进   C. 采掘

86. 井巷揭煤防突专项设计内容中不包括（　　　）。

    A. 工作面防突措施

    B. 安全防护措施及组织管理措施

    C. 加强煤层段巷道的支护及其他措施

87. 石门揭煤工作面采用水力冲孔防突措施时，钻孔应当至少控制自揭煤巷道至轮廓线外（　　　）的煤层，冲孔顺序为先冲对角孔后冲边上孔，最后冲中间孔。

    A. 2~5 m   B. 3~5 m   C. 4~5 m

二、多选题

1. 符合《防治煤与瓦斯突出细则》规定的是（　　　）。

    A. 防突工作坚持区域防突措施先行、局部防突措施补充的原则

    B. 突出矿井采掘工作做到不掘突出头、不采突出面

    C. 未按要求采取区域综合防突措施的，严禁进行采掘活动

    D. 区域防突工作应当做到多措并举、可保必保、应抽尽抽、效果达标

2. 工作面突出危险性预测是预测工作面煤体的突出危险性，包括（　　　）的突出危险性预测等。工作面预测应当在工作面推进过程中进行。

    A. 石门和立井

    B. 掘进工作面

    C. 采煤工作面

    D. 斜井揭煤工作面

3. 可采用下列哪些方法来预测煤巷掘进工作面的突出危险性。（　　　）。

    A. 钻屑指标法

    B. 复合指标法

    C. K_1 值指标法

    D. 其他经试验证实有效的方法

4. 下列属于井巷揭煤防突专项设计至少应当包括的主要内容的是（　　　）。

    A. 井巷揭煤工作面防突措施

B. 安全防护措施及组织管理措施

C. 揭煤工作面突出危险性预测及防突措施效果检验的方法、指标，预测及检验钻孔布置等

D. 建立安全可靠的独立通风系统及加强控制通风风流设施的措施

5. 工作面应保留的最小防突措施超前距为（　　　）。

A. 煤巷掘进工作面 5 m

B. 回采工作面 3 m

C. 在地质构造破坏严重地带应适当增加超前距，但煤巷掘进工作面不小于 7 m

D. 回采工作面不小于 5 m

6. 下山掘进时，不得选用水力冲孔、水力疏松措施。倾角 8°以上的上山掘进工作面不得选用的措施有（　　　）。

A. 松动爆破

B. 水力冲孔

C. 水力疏松

D. 排放钻孔

7. 下列表述，符合《防治煤与瓦斯突出细则》规定的是（　　　）。

A. 矿长和矿井技术负责人应当每月至少一次到现场检查各项防突措施的落实情况

B. 矿井的防突机构应当随时检查综合防突措施的实施情况，并及时将检查结果分别向煤矿企业负责人、煤矿企业技术负责人和矿长、矿井技术负责人汇报

C. 矿井进行安全检查时，必须检查综合防突措施的编制、审批和贯彻执行情况

D. 煤矿企业的主要负责人、技术负责人应当每季度至少一次到现场检查各项防突措施的落实情况

8. 突出煤层鉴定时，当动力现象特征不明显或者没有动力现象时，应当根据实际测定的（　　　）等指标进行鉴定。

A. 原始煤层瓦斯压力 P

B. 瓦斯涌出初速度 q

C. 煤的破坏类型

D. 煤的坚固性系数 f

9. 突出矿井选择保护层必须遵守规定，说法错误的是（　　　）。

A. 突出矿井区域防突措施包括开采保护层和预抽煤层瓦斯两类

B. 优先选择无突出危险的煤层作为保护层

C. 优先选择上保护层

D. 当煤层群中有几个煤层都可作为保护层时，优先开采保护效果最好的煤层

10. 井巷揭煤工作面金属骨架措施要求，下列说正确的有 （   ）。

A. 井巷揭煤工作面金属骨架措施一般在石门和斜井上部和两侧或者立井周边外 0.5~1.0 m 范围内布置骨架孔

B. 钻孔间距一般不大于 0.3 m，对于松软煤层应当安设两排金属骨架，钻孔间距应当小于 0.2 m

C. 钻孔间距一般不大于 0.3 m，对于松软煤层要架两排金属骨架，钻孔间距应小于 0.1 m

D. 插入骨架材料后，应当向孔内灌注水泥砂浆等不延燃性固化材料

11. 煤巷掘进和采煤工作面的专项防突设计应当至少包括的内容正确的是 （   ）。

A. 煤层、瓦斯、地质构造及邻近区域巷道布置的基本情况

B. 防突措施的选取及施工设计

C. 建立安全可靠的串联通风系统及加强控制通风风流设施的措施

D. 组织管理措施

12. 开采保护层的保护效果检验方法主要采用 （   ），也可以结合煤层的透气性系数变化率等辅助指标。

A. 原始瓦斯压力

B. 残余瓦斯含量

C. 顶底板位移量

D. 其他经试验证实有效的指标和方法

13. 《防治煤与瓦斯突出细则》要求，各项防突措施按照 （   ）等要求贯彻实施。

A. 施工防突措施的区 （队） 在施工前，负责向本区 （队） 职工贯彻并严格组织实施防突措施

B. 矿井的防突机构应当随时检查综合防突措施的实施情况，并及时将检查结果分别向煤矿企业负责人、煤矿企业技术负责人和矿长、矿井技术负责人汇报

C. 矿井进行安全检查时，必须检查综合防突措施的编制、审批和贯彻执行情况

　　D. 煤矿企业的主要负责人、技术负责人应当每半年至少一次到现场检查各项防突措施的落实情况

14. 煤层瓦斯压力达到 3 MPa 的区域应当采用（　　　　）。

　　A. 地面井预抽煤层瓦斯

　　B. 开采保护层

　　C. 远程操控钻机施工钻孔预抽煤层瓦斯

　　D. 顺层钻孔预抽煤层瓦斯

15. 突出矿井采煤工作面的进、回风巷内，应该安设（　　　　）浓度甲烷传感器。

　　A. 高

　　B. 低

　　C. 高低

　　D. 全量程

16. 对预抽区段和回采区煤层瓦斯区域防突措施效果及穿层钻孔预抽煤巷条带煤层瓦斯区域防突措施效果进行检验时，可以沿（　　　　）分段进行检验。

　　A. 采煤工作面推进方向

　　B. 巷道掘进方向

　　C. 掘进工作面推进方向

　　D. 采掘巷道推进方向

17. 工作面突出危险性预测是预测工作面煤体的突出危险性，具体包括（　　　　）突出危险性预测。

　　A. 井巷揭煤工作面

　　B. 煤巷掘进工作面

　　C. 巷道掘进工作面

　　D. 采煤工作面

三、判断题

1. 《防治煤与瓦斯突出细则》规定，突出矿井发生突出的必须立即停产，并立即分析、查找突出原因，在实施综合防突措施后，方可恢复生产。（　　　）

2. 《防治煤与瓦斯突出细则》规定，非突出矿井首次发生突出的必须立即停产。（　　　）

3. 《防治煤与瓦斯突出细则》规定，突出矿井的主要负责人应当每月至少一次到现场检查各项防突措施的落实情况。（　　　）

4. 依据《防治煤与瓦斯突出细则》规定，突出矿井应当设置满足防突工作需要

的专业防突队伍。（　　）

5. 在突出岩层内掘进巷道或揭穿该岩层时，必须采取工作面突出危险性预测、工作面防治岩石突出措施、工作面防突措施效果检验、安全防护措施的局部综合防突措施。（　　）

6. 在突出煤层，当出现工作面出现喷孔、顶钻等情况时，必须采取区域综合防突措施。（　　）

7. 在突出煤层，当工作面出现喷孔、顶钻等动力现象，应判定为突出威胁工作面。（　　）

8. 采用钻屑指标法预测煤巷掘进工作面突出危险性的参考临界值：钻屑瓦斯解吸指标 Δh_2 为 160 Pa。（　　）

9. 采用钻屑指标法预测煤巷掘进工作面突出危险性时，预测钻孔从第 1 m 深度开始，每钻进 1 m 测定该 1 m 段的全部钻屑量。（　　）

10. 各煤层采用钻屑指标法预测煤巷掘进工作面突出危险性的指标临界值应当根据试验考察确定。（　　）

11. 煤矿企业应当将突出矿井及突出煤层的鉴定或者认定结果、按照突出煤层管理的情况，及时报省级以上煤炭行业管理部门。（　　）

12. 《防治煤与瓦斯突出细则》规定，突出矿井的防突工必须接受防突知识、操作技能的专门培训，并取得特种作业操作证。（　　）

13. 《防治煤与瓦斯突出细则》规定，突出矿井发生突出的必须立即停产，并立即分析、查找突出原因，在实施综合防突措施后，方可恢复生产。（　　）

14. 穿层钻孔或者顺层钻孔预抽区段煤层瓦斯区域防突措施的钻孔应当控制区段内整个回采区域及其内外侧范围内的煤层。（　　）

15. 穿层钻孔预抽煤巷条带煤层瓦斯区域防突措施的钻孔应当控制整条煤层巷道及其两侧一定范围内的煤层。（　　）

16. 预抽煤层瓦斯钻孔间距应当根据实际考察的煤层有效抽采半径确定。（　　）

17. 选择保护层必须遵守优先选择无突出危险的煤层作为保护层。（　　）

18. 在检验过程中有喷孔、顶钻等动力现象时，判定区域防突措施无效，该预抽区域为突出危险区。（　　）

19. 《防治煤与瓦斯突出细则》规定，非突出矿井首次发生突出的必须立即停产。（　　）

20. 依据《防治煤与瓦斯突出细则》规定，突出矿井入井人员可以佩戴过滤式自救器。（　　）

21. 《防治煤与瓦斯突出细则》规定，突出矿井的主要负责人应当每月至少一次

到现场检查各项防突措施的落实情况。（   ）

22. 依据《防治煤与瓦斯突出细则》规定，突出矿井应当设置满足防突工作需要的专业防突队伍。（   ）

23. 井巷揭穿突出煤层前，具有独立的、可靠的通风系统。（   ）

24. 突出煤层双巷掘进工作面不得同时作业。（   ）

25. 准备采区时，突出煤层掘进巷道的回风可以经过有人作业的其他采区回风巷。（   ）

26. 突出矿井应当主要依据煤层瓦斯的井下实测资料，并结合地质勘查资料、上水平及邻近区域的实测和生产资料等对开采的突出煤层进行区域突出危险性预测。（   ）

27. 对评估为无突出危险的煤层，所有井巷揭煤作业还必须采取区域或者局部综合防突措施。（   ）

28. 未进行工作面预测的采掘工作面，应当视为突出危险工作面。（   ）

29. 在揭煤工作面用远距离爆破揭开突出煤层后，若未能一次揭穿至煤层顶（底）板，则仍应当按照远距离爆破的要求执行，直至完成揭煤作业全过程。（   ）

30. 若突出煤层煤巷掘进工作面前方遇到落差超过煤层厚度的断层，应按石门揭煤的措施执行。（   ）

31. 采煤工作面浅孔注水湿润煤体措施可用于煤质较软的突出煤层。（   ）

32. 经区域预测为突出危险区的煤层，必须采取区域防突措施并进行区域防突措施效果检验。（   ）

33. 区域预测一般根据煤层瓦斯参数结合瓦斯地质分析的方法进行，也可以采用其他经试验证实有效的方法。（   ）

34. 煤层瓦斯风化带为突出危险区。（   ）

35. 测定煤层瓦斯压力、瓦斯含量等参数的测试点在不同地质单元内根据其范围、地质复杂程度等实际情况和条件分别布置。（   ）

36. 区域防突措施是指在突出煤层进行采掘前，对突出煤层较大范围采取的防突措施。（   ）

37. 开采保护层时，应当做到连续和规模开采，同时抽采被保护层和邻近层的瓦斯。（   ）

38. 各检验测试点应当布置于所在钻孔密度较小、孔间距较大、预抽时间较短的位置，并尽可能远离各预抽瓦斯钻孔或者尽可能与周围预抽瓦斯钻孔保持距离。（   ）

39. 对井巷揭煤区域进行的区域验证，应当采用井巷揭煤工作面突出危险性预测方法进行。（　　）

40. 在工作面首次进入该区域时，立即连续进行至少 2 次区域验证。（　　）

41. 应当采取局部综合防突措施的采掘工作面未进行工作面预测的，视为突出危险工作面。（　　）

42. 井巷揭煤防突专项设计应当包括的井巷揭煤区域煤层、瓦斯、地质构造及巷道布置的基本情况。（　　）

43. 井巷揭煤防突专项设计不包括加强过煤层段巷道的支护及其他措施。（　　）

44. 石门全断面冲出的总煤量（t）数值不得小于煤层厚度（m）的 20 倍。（　　）

45. 若有钻孔冲出的煤量较多时，应当在该孔周围补孔。（　　）

46. 石门和立井揭煤工作面金属骨架措施一般在石门上部和两侧或立井周边外 0.5~1.2 m 范围内布置骨架孔。（　　）

47. 工作面预测应当在工作面推进过程中进行。（　　）

48. 工作面预测（或者区域验证）有突出危险时，要采取工作面防突措施。（　　）

49. 每组压风自救装置应可供 5~8 个人使用，平均每人的压缩空气供给量不得少于 0.2 m³/min。（　　）

50. 工作面防突措施是针对经工作面预测有突出危险的煤层实施的局部防突措施，其有效作用范围一般仅限于当前工作面周围的较小范围。（　　）

51. 风门之间的距离不得小于 4 m。（　　）

52. 通过反向风门墙垛的风筒、水沟、刮板输送机道等，必须设有逆向隔断装置。（　　）

53. 揭煤作业前应当编制井巷揭煤防突专项设计，并报矿长批准。（　　）

54. 揭煤作业包括从距突出煤层底（顶）板的最小法向距离 5 m 开始，直至揭穿煤层进入顶（底）板 2 m（最小法向距离）的全过程，要采取综合防突措施。（　　）

55. 突出煤层的每个煤巷掘进工作面都应当编制工作面专项防突设计，报煤矿总工程师批准。（　　）

56. 突出煤层的采煤工作面不用编制工作面专项防突设计。（　　）

57. 实施过程中当煤层赋存条件变化较大或者巷道设计发生变化时，还应当作出补充设计。（　　）

58. 井巷揭煤工作面的突出危险性预测应当选用钻屑瓦斯解吸指标法或者其他经试验证实有效的方法进行。（　　）

59. 煤巷掘进和采煤工作面的专项防突设计不包括加强控制通风风流设施的措施。（　　）

60. 煤巷掘进和采煤工作面的专项防突设计不包括组织管理措施。（　　）

61. 石门和立井揭煤工作面煤体固化措施适用于松软煤层，用以增加工作面周围煤体的强度。（　　）

62. 如果所有实测的指标值均小于临界值，并且未发现其他异常情况，则该工作面为无突出危险工作面。（　　）

63. 采用钻屑瓦斯解吸指标法预测井巷揭煤工作面突出危险性时，由工作面向煤层的适当位置至少施工 3 个钻孔。（　　）

64. 为使工作面预测更可靠，鼓励根据实际条件增加一些辅助预测指标，并采用物探、钻探等手段探测前方地质构造，观察分析煤体结构和采掘作业、钻孔施工中的各种现象。（　　）

65. 如果实测得到的钻屑量测定值小于临界值，并且未发现其他异常情况，则该工作面预测为无突出危险工作面。（　　）

66. 依据《防治煤与瓦斯突出细则》规定，有突出矿井的煤矿企业技术负责人和突出矿井的矿长、总工程师应当接受防突专项培训，具备突出矿井的安全生产知识和管理能力。（　　）

67. 《防治煤与瓦斯突出细则》规定，有突出矿井的煤矿企业、突出矿井应当设置防突机构或者设置兼职防突管理人员。（　　）

68. 依据《防治煤与瓦斯突出细则》规定，有突出矿井的煤矿企业和突出矿井的主要负责人、技术负责人应当接受防突专项培训。（　　）

69. 所有区域防突措施的设计均由煤矿企业技术负责人批准。（　　）

70. 经事故调查确定为突出事故的所在煤层，由省级煤炭行业管理部门直接认定为突出煤层。（　　）

71. 突出煤层和突出矿井的鉴定工作应当由具备煤与瓦斯突出鉴定资质的机构承担。（　　）

72. 采用复合指标法预测煤巷掘进工作面突出危险性时，测定钻孔瓦斯涌出初速度时，测量室的长度为 2.0 m。（　　）

73. 采用复合指标法预测煤巷掘进工作面突出危险性的参考临界值：钻孔瓦斯涌出初速度 q 为 5 L/min。（　　）

74. 各煤层采用复合指标法预测煤巷掘进工作面突出危险性的指标临界值时，如果实测得到的指标钻孔瓦斯涌出初速度和钻屑量的所有测定值均小于临界值，则该工作面预测为无突出危险工作面。（　　）

75. 采用 R 值指标法预测煤巷掘进工作面突出危险性时，当所有钻孔的 R 值小于或等于 6 且未发现其他异常情况时，该工作面可预测为无突出危险工作面。（　　）

76. 对采煤工作面的突出危险性预测时，可参照煤巷掘进工作面预测方法进行。（　　）

77. 井巷揭煤防突专项设计必须包括的主要内容是建立安全可靠的独立通风系统及加强控制通风风流设施的措施。（　　）

78. 对于井巷揭煤工作面金属骨架措施要求是骨架钻孔应当穿过煤层并进入煤层顶（底）板至少 0.5 m，当钻孔不能一次施工至煤层顶（底）板时，则进入煤层的深度不应小于 10 m。（　　）

79. 对于井巷揭煤工作面金属骨架措施要求是插入骨架材料后，应当向孔内灌注水泥砂浆等不延燃性固化材料。（　　）

80. 石门和立井揭煤工作面揭开煤层后，可以拆除金属骨架。（　　）

81. 煤巷掘进和采煤工作面的专项防突设计不包括煤层、瓦斯、地质构造。（　　）

82. 采煤工作面的专项防突设计不包括建立安全可靠的独立通风系统的措施。（　　）

83. 煤巷掘进工作面的专项防突设计应当至少包括下列内容：工作面突出危险性预测及防突措施效果检验的方法、指标以及预测、效果检验钻孔布置等。（　　）

84. 煤巷掘进和采煤工作面的专项防突设计不包括防突措施的选取及施工设计。（　　）

85. 在距煤层底（顶）板最小法向距离 2~5 m 范围，掘进工作面应当采用远距离爆破。（　　）

86. 当工作面预测、措施效果检验验证为突出危险工作面时，必须采取工作面防突措施，直到经措施效果检验和验证为无突出危险工作面。（　　）

87. 经工作面预测或者措施效果检验为无突出危险工作面时，应当采用物探或者钻探手段边探边掘至距突出煤层法向距离不小于 2 m 处。（　　）

88. 根据超前探测结果，当井巷揭穿厚度小于 0.2 m 的突出煤层时，可在采取安全防护措施的条件下，直接采用远距离爆破方式揭穿煤层。（　　）

89. 煤巷掘进和采煤工作面的专项防突设计不包括安全防护措施。（　　）

90. 当钻孔不能一次施工至煤层顶板时，则进入煤层的深度不应小于 10 m。（　　）

91. 当煤层厚度较大时，钻孔应当控制煤层全厚或者在巷道顶部煤层控制范围不

小于 7 m，巷道底部煤层控制范围小于 3 m。（　　　）

92. 钻孔在控制范围内应当均匀布置，在煤层的软分层中可适当增加钻孔数。（　　　）

93. 松动爆破应当配合瓦斯抽放钻孔一起使用。（　　　）

94. 向工作面前方按一定间距布置注水钻孔，然后利用封孔器封孔，向钻孔内注入高压水。（　　　）

95. 煤巷掘进工作面水力疏松后的允许推进度，一般不宜超过封孔深度，其孔间距不超过注水有效半径的三倍。（　　　）

96. 前探支架不可用于松软煤层的平巷工作面。（　　　）

97. 采煤工作面可以选用超前钻孔（包括超前钻孔预抽瓦斯和超前钻孔排放瓦斯）、注水湿润煤体、松动爆破或者其他经试验证实有效的防突措施。（　　　）

98. 采煤工作面防突措施效果检验钻孔深度应当大于防突措施钻孔。（　　　）

99. 突出矿井建设采区避难硐室时，采区避难硐室必须接入矿井压风管路和供水管路。（　　　）

100. 临时避难硐室必须设置向外开启的密闭门或者隔离门。（　　　）

101. 突出煤层的掘进工作面通过反向风门墙垛的水沟、刮板输送机道等，可以不设逆向隔断装置。（　　　）

102. 突出煤层的掘进工作面通过反向风门墙垛的风筒、水可以不设逆向隔断装置。（　　　）

103. 《防治煤与瓦斯突出细则》要求，工作面爆破作业或者无人时，反向风门必须关闭。（　　　）

104. 《防治煤与瓦斯突出细则》要求，反向风门墙垛可用砖、料石或者混凝土砌筑，嵌入巷道周边岩石的深度可根据岩石的性质确定，但不得小于 0.1 m。（　　　）

105. 井巷揭煤起爆及撤人地点必须位于反向风门外且距工作面 450 m 以上全风压通风的新鲜风流中，或者距工作面 300 m 以外的避难硐室内。（　　　）

106. 钻孔在控制范围内应当均匀布置，在煤层的软分层中可适当增加钻孔数。（　　　）

107. 松动爆破应当配合瓦斯抽放钻孔一起使用。（　　　）

108. 向工作面前方按一定间距布置注水钻孔，然后利用封孔器封孔，向钻孔内注入高压水。（　　　）

109. 煤巷掘进工作面水力疏松后的允许推进度，一般不宜超过封孔深度，其孔间距不超过注水有效半径的三倍。（　　　）

110. 突出煤层采用局部通风机通风时，必须采用压入式。（　　）

111. 严禁在井下安设辅助通风机。（　　）

112. 开采突出煤层时，工作面回风侧没必要设置调节风量的设施。（　　）

113. 采用残余瓦斯含量或者残余瓦斯压力检验指标时，应当根据检验单元内瓦斯抽采及排放量等计算煤层的残余瓦斯含量和残余瓦斯压力。（　　）

参 考 答 案

一、单选题

1-5 AAACB   6-10 CBAAC   11-15 AABCB   16-20 CACBA

21-25 ACCBC   26-30 ACCBA   31-35 ACBAB   36-40 BBBCA

41-45 BBABB   46-50 ABBBB   51-55 CCBBB   56-60 ABACC

61-65 CCAAB   66-70 BBCAC   71-75 CABAB   76-80 BCBCB

81-85 BCACC   86-87 CB

二、多选题

1. ABCD   2. ACD   3. ABD   4. ABCD   5. ABCD   6. ABC

7. ABCD   8. ACD   9. BCD   10. ABD   11. ABD   12. BCD

13. ABC   14. ABC   15. CD   16. AB   17. ABD

三、判断题

1-5 ×√√√√   6-10 √×××√   11-15 ×√××√

16-20 √√√√×   21-25 √√√√×   26-30 √√√√√

31-35 ×√√×√   36-40 ×√×√√   41-45 √√×√×

46-50 ×√√×√   51-55 √√××√   56-60 ××√××

61-65 ×√√√×   66-70 √×√√√   71-75 √×√××

76-80 ×√×√×   81-85 ××√×√   86-90 ×√××√

91-95 ×√√√×   96-100 ×√×√√   101-105 ××√××

106-110 √√√×√   111-113 √××

第三部分
《煤矿防治水细则》考核题库

一、单选题

1. 水文地质条件复杂、极复杂矿井应当至少（　　）开展 1 次水害隐患排查及治理活动，其他矿井应当每季度至少开展 1 次水害隐患排查及治理活动。
   A. 每周　　　　　　B. 每月　　　　　　C. 每旬

2. 矿井井下水仓的空仓容量应当经常保持在总容量的（　　）以上。
   A. 10%　　　　　　B. 30%　　　　　　C. 50%

3. 《矿井水文地质类型划分报告》每（　　）年修订一次。
   A. 1　　　　　　　B. 3　　　　　　　C. 3

4. 矿井每年至少要进行（　　）次水害应急演练。
   A. 1　　　　　　　B. 3　　　　　　　C. 3

5. 防水闸门必须灵活可靠，并保证（　　）进行 2 次关闭试验。
   A. 每月　　　　　　B. 每季　　　　　　C. 每年

6. 探放老空积水最小超前水平钻距不得小于（　　），止水套管长度不得小于 10 m。
   A. 4 m　　　　　　B. 10 m　　　　　　C. 30 m

7. 井下探放水设备和（　　）是防止突然透水造成水害和控制水害范围的设施。
   A. 水管　　　　B. 水闸门　　　　C. 水仓　　　　D. 水泵

8. 井下探放水应坚持（　　）的方针。
   A. 预测预报，有疑必探，先探后掘，先治后采
   B. 有水必探，先探后掘
   C. 有疑必探，边探边掘

9. 煤壁"挂红""挂汗"或空气变冷，出现雾气是矿井（　　）前的预兆。
   A. 煤与瓦斯突出
   B. 冒顶
   C. 透水

10. 煤层注水的方式中，对地质条件适应性较强的是（　　）。
    A. 短钻孔注水　　B. 长钻孔注水　　　C. 深孔注水　　　　D. 巷道钻孔注水

11. 严禁使用（　　）等非专用探放水设备进行探放水。
    A. 钻机　　　　B. 探水钻机　　　　C. 煤电钻

12. 在预计水压大于（　　）的地点探水时，应当预先固结套管，在套管口安装闸阀，进行耐压试验。
    A. 0.1 MPa　　　B. 0.5 MPa　　　　C. 1 MPa

13. 恢复被淹井巷排水过程中，应当定时观测排水量、水位和观测孔水位，并由（　　）随时检查水面上的空气成分，发现有害气体，及时采取措施进行处理。

　　A. 探水工　　　　　　　B. 通风工　　　　　　　C. 矿山救护队

14. 采掘工作面或其他地点发现突水征兆时，应当立即停止作业，报告（　　），并发出警报，撤出所有受水威胁地点的人员。

　　A. 矿调度室　　　　　　B. 矿长　　　　　　　　C. 安全科

15. 防水闸门硐室前、后两端，应分别砌筑不小于（　　）的混凝土护硧，硧后用混凝土填实，不得空帮、空顶。

　　A. 2 m　　　　　　　　B. 3 m　　　　　　　　C. 5 m

16. 水文地质条件复杂或有突水淹井危险的矿井，应当在井底车场周围设置（　　）。

　　A. 挡水墙　　　　　　　B. 临时泵站　　　　　　C. 防水闸门

17. 井下中央变电所和主要排水泵房的地面标高，应分别比其出口与井底车场或大巷连接处的底板高出（　　）。

　　A. 0.3 m　　　　　　　B. 0.4 m　　　　　　　C. 0.5 m

18. 防水闸门硐室和砌硧体必须采用（　　）进行注浆加固，注浆压力应符合设计要求。

　　A. 黄土　　　　　　　　B. 普通水泥　　　　　　C. 高标号水泥

19. 防水闸门来水侧 15~25 m，应加设一道挡物（　　）。

　　A. 篦子门　　　　　　　B. 密闭墙　　　　　　　C. 风门

20. 对新掘进巷道内建筑的防水闸门，必须进行注水耐压试验，试验的压力不得低于设计水压，其稳压时间应在（　　）以上。试压时应有专门安全措施。

　　A. 12 h　　　　　　　　B. 34 h　　　　　　　　C. 36 h

21. 防水闸门必须灵活可靠，并保证每（　　）进行 2 次关闭试验。

　　A. 月　　　　　　　　　B. 季　　　　　　　　　C. 年

22. 备用水泵的能力应不小于工作水泵能力的（　　）。

　　A. 50%　　　　　　　　B. 60%　　　　　　　　C. 70%

23. 检修水泵的能力应不小于工作水泵能力的（　　）。

　　A. 20%　　　　　　　　B. 35%　　　　　　　　C. 30%

24. 新建、改扩建矿井或生产矿井的新水平，正常涌水量在 1000 m^3/h 以下下时，主要水仓的有效容量应能容纳（　　）的正常涌水量。

　　A. 8 h　　　　　　　　　B. 12 h　　　　　　　　C. 16 h

25. 新掘遂巷道内建筑的防水闸门，必须进行注水耐压试验，水闸门内巷道的长度不得大于（　　），试压时应有专门安全措施。

A. 10 m B. 15 m C. 20 m

26. 工作和备用水泵的总能力，应能在 20 h 内排出矿井（　　）的最大涌水量。

A. 24 h B. 36 h C. 48 h

27. 打钻时，如钻孔内水的压力突然增大，应立即（　　），但不得拔出钻杆。

A. 钻杆固定 B. 停止钻进 C. 电源关闭

28. 在向老空区打钻探水时，钻探接近老空水时，应当安排（　　）在现场值班，随时检查空气成分。

A. 班组长或瓦斯检查

B. 爆破员和救护员

C. 专职瓦斯检查员或者矿山救护队员

29. 排除井筒和下山的积水以及恢复被淹的井巷过程中，由（　　）随时检查水面上的空气成分，发现有害气体，及时采取措施进行处理。

A. 瓦斯检查员 B. 探放水人员 C. 矿山救护队

30. 选择井筒及工业广场。井口和工业广场内建筑物的高程必须（　　）当地历年的最高洪水水位。

A. 高于 B. 不低于 C. 低于

31. 井巷出水点的位置及其水量，有积水的井巷及采空区的积水范围、标高和积水量，都必须绘在（　　）上。

A. 采掘工程平面图和矿井充水性图

B. 采区巷道布置图

C. 通风立体图

32. 每次降大到暴雨时和降雨后，应当有专业人员分工观测井上下、有关水文变化情况以及矿区附近地面有无裂缝、老窑陷落和岩溶塌陷等现象，并（　　）。

A. 及时报告矿调度室及有关负责人

B. 立即处理

C. 停止工作

33. 钻孔放水前，若水量突然变化，必须及时处理，并立即报告（　　）。

A. 总工程师 B. 矿长 C. 矿调度室

34. 当煤矿井下某一地点发生突然透水事故时，现场人员应立即报告（　　）。

A. 安全副矿长 B. 矿调度室 C. 总工程师

35. 接近水淹或可能积水的井巷、老空或小煤矿时，必须执行（　　）的原则。
    A. 探放水　　　　　　B. 敲帮问顶　　　　C. 加强通风

36. 爆破地点距老空（　　）前，必须通过打探眼、探钻等有效措施，探明老空区的准确位置和范围、水、火、瓦斯等情况，必须根据探明的情况采取措施，进行处理。
    A. 10 m　　　　　　　B. 15 m　　　　　　C. 20 m

37. 煤矿井下采空区、废弃的井巷和停采的小煤窑，由于长期停止排水而积存的地下水，称为（　　）。
    A. 老空水　　　　　　B. 地下水　　　　　C. 含水层水

38. 煤层顶板有含水层和水体存在时，应当观测"三带"发育高度。当导水裂隙带范围内的含水层或老空积水影响安全开采时，必须（　　）水，并建立疏排水系统。
    A. 超前探放　　　　　B. 边采边探　　　　C. 边掘边探

39. 灰岩一般为（　　）。
    A. 潜水层　　　　　　B. 隔水层　　　　　C. 含水层

40. 泥岩一般为（　　）。
    A. 含水层　　　　　　B. 隔水层　　　　　C. 潜水层

41. 工作面透水一般有一些征兆，若煤壁结有水珠的现象叫（　　）。
    A. 水叫　　　　　　　B. 挂红　　　　　　C. 挂汗

42. 煤矿企业、矿井的（　　）是本单位防治水工作的第一责任人。
    A. 主要负责人　　　　B. 总工程师　　　　C. 技术负责人

43. 煤矿企业、矿井的（　　）具体负责防治水的技术管理工作。
    A. 主要负责人　　　　B. 总工程师　　　　C. 负责人

44. 井下发生透水或大量放水过程中应特别注意（　　）中毒。
    A. 一氧化碳　　　　　B. 硫化氢　　　　　C. 瓦斯

45. 矿山企业井下采掘作业，接近承压含水层或者含水的断层、流沙层、砾石层、溶洞、陷落柱，未采取探水前进的，（　　）。
    A. 责令改正　　　　　B. 责令关闭　　　　C. 责令停止生产

46. 皮带机道每隔（　　）必须设置一个消防水管闸阀。
    A. 20 m　　　　　　　B. 30 m　　　　　　C. 50 m

47. 对水压高、富水性强的底板岩溶水，其上策是采用（　　）技术防治。
    A. 注浆加固隔水层或改造含水层
    B. 加大排水能力

    C. 加强支护减少采动影响

    D. 疏干开采

48. 井下防水闸门应当灵活可靠，并保证每年进行（   ）次关闭试验。

    A. 1   B. 3   C. 3   D. 4

49. 雨季"三防"不包括（   ）。

    A. 防洪   B. 防排水   C. 防突水   D. 防雷电

50. 水压较高、区域大型断层的水害防治一般采用（   ）的方法。

    A. 加强支护   B. 留设防水煤柱   C. 减少采动影响 D. 疏水降压

51. 老空水量以（   ）为主。

    A. 动储量   B. 动储量和静储量 C. 静储量   D. 含水层水量

52. 地下水按埋藏条件分类，可分为包气带水（上层滞水）、潜水和（   ）。

    A. 承压水   B. 孔隙水   C. 裂隙水   D. 岩溶水

53 （   ）主要分布于疏松未胶结或半胶结的新生代地层中。

    A. 孔隙含水层   B. 裂隙含水层   C. 岩溶含水层 D. 承压含水层

54. 煤矿进行带水压开采时，底板受构造破坏块段突水系数一般不大于（   ），正常块段不大于 0.1 MPa/m。

    A. 0.04 MPa/m B. 0.05 MPa/m C. 0.06 MPa/m D. 0.07 MPa/m

55. 矿井充水水源和充水通道的综合作用，称为矿井的（   ）。

    A. 充水条件   B. 富水性   C. 含水性   D. 充水系数

56. 下列（   ）是矿井人为充水通道。

    A. 岩溶洞穴   B. 封闭不良钻孔   C. 地震裂隙   D. 陷落柱

57. 天然充水水源不包括（   ）。

    A. 地表水   B. 地下水   C. 大气降水   D. 老窑水

58. 老窑水为多年积水，水循环条件差，水中含有大量硫化氢气体，并多为（   ）。

    A. 酸性水   B. 中性水   C. 碱性水   D. 弱碱性水

59. 煤矿主要水泵房应当至少有 2 个安全出口，其中 1 个出口用斜巷通到井筒，并高出泵房底板（   ）以上。

    A. 5 m   B. 7 m   C. 10 m   D. 15 m

60. 矿井主排水系统工作水泵的能力，应当能在 20 h 内排出矿井（   ）的正常涌水量（包括充填水及其他用水）。

    A. 20 h   B. 34 h   C. 36 h   D. 48 h

61. 矿井主排水系统备用水泵的能力应当不小于工作水泵能力的（   ）。

  A. 25%　　　　　　　B. 50%　　　　　　　C. 70%　　　　　　D. 80%

62. 赋存可溶性岩层的溶蚀裂隙和洞穴中的地下水称为（　　　）。
   A. 裂隙水　　　　　B. 孔隙水　　　　　C. 岩溶水　　　　D. 老空水

63. 煤矿雨季"三防"领导小组组长应由（　　　）担任。
   A. 矿长　　　　　　B. 矿井总工程师　　C. 矿调度室主任　D. 安全副矿长

64. 采掘工作面开始掘进和回采前，应当提出专门水文地质情况分析报告，经
   （　　　）组织生产、安监和地测等有关单位审查批准后，方可进行回采。
   A. 矿长　　　　　　B. 矿井总工程师　　C. 安全副矿长　　D. 生产副矿长

65. 当钻孔水位高于孔口标高时，水位观测可采用（　　　）观测。
   A. 水位计　　　　　B. 水文钟　　　　　C. 探棒加万用表　D. 压力表

66. 石门揭露顶板含水层前，应布置（　　　）钻孔进行超前探水。
   A. 半扇形　　　　　B. 扇形　　　　　　C. 1 个　　　　　D. 2 个

67. 井下探放强含水层水时，开孔位置应选在（　　　）。
   A. 岩石破碎地带　　B. 煤层中　　　　　C. 岩石完整地带　D. 断层带附近

68. 煤层内，原则上禁止探放水压高于（　　　）的充水断层水、含水层水及陷落
   柱水。
   A. 1 MPa　　　　　B. 1.5 MPa　　　　C. 2 MPa　　　　D. 2.5 MPa

69. 探水钻孔除兼作堵水或者疏水用的钻孔外，钻孔孔径一般不得大于（　　　）。
   A. 55 mm　　　　　B. 65 mm　　　　　C. 75 mm　　　　D. 90 mm

70. 现场作业人员在钻进时，发现钻孔中意外出水，要（　　　），并立即向矿调
   度室汇报。
   A. 停止钻进，不拔出钻杆　　　　　　B. 注意观察，继续钻进
   C. 停止钻进，拔出钻杆　　　　　　　D. 拔出钻杆，关闭闸阀

71. 探放老空积水最小超前水平距一般不得少于（　　　）。
   A. 20 m　　　　　　B. 35 m　　　　　　C. 30 m　　　　　D. 40 m

72. 探放老空积水止水套管长度不得小于（　　　）。
   A. 5 m　　　　　　B. 10 m　　　　　　C. 15 m　　　　　D. 20 m

73. 在岩层中探放含水层水，在水头压力小于 1.0 MPa 时，止水套管不少
   于（　　　）。
   A. 5 m　　　　　　B. 10 m　　　　　　C. 15 m　　　　　D. 20 m

74. 为了防止地表水流入井下，对正在使用的钻孔，应当（　　　）。
   A. 封孔　　　　　　B. 设立标志　　　　C. 安装孔口盖　　D. 经常巡视

75. 防治水工程应当有专门设计，工程竣工后由（　　　）负责组织验收。

A. 生产副矿长　　　B. 矿井总工程师　　　C. 矿长　　　　D. 安全副矿长

76. 开采水淹区下的废弃防隔水煤柱时，应（　　　）。

A. 先探后采　　　B. 疏干开采　　　　C. 边探边采　　　D. 疏水降压

77. 在矿井有突水危险的采掘区域，应在其附近设置防水闸门。不具备建筑防水闸门的，应制定严格的其他防治水措施，并经（　　　）审批同意。

A. 生产副矿长　　　　　　　　　　B. 安全副矿长

C. 煤矿企业主要负责人　　　　　　D. 煤矿企业总工程师

78. 当矿井采空区与强含水层水或其他水体有联系时，应当（　　　）。

A. 主动探放　　　　　　　　　　　B. 先隔离再探放

C. 先降压再探放　　　　　　　　　D. 先封堵出水点再探放

79. 巷道接近有积水的老空区时，从（　　　）开始向前方打钻探水。

A. 积水线　　　　　　　　　　　　B. 探水线

C. 警戒线　　　　　　　　　　　　D. 老空区边界线

80. 探放老空水时，探水钻孔应成组布设，厚煤层内各孔终孔的垂距不大于（　　　）。

A. 2 m　　　　　B. 3 m　　　　　C. 4 m　　　　D. 1.5 m

81. 上山探水时，一般应双巷掘进，其中一条超前探水和汇水，另一条用来安全撤人。双巷之间每隔（　　　）掘一联络巷，并设挡水墙。

A. 10~20 m　　　B. 60~80 m　　　C. 30~50 m　　　D. 80~100 m

82. 水文地质条件复杂、极复杂的矿井，井底车场周围不具备安装防水闸门的，应在正常排水系统的基础上，安装配备排水能力不小于（　　　）的潜水泵排水系统。

A. 正常涌水量　　　B. 最大涌水量　　　C. 灾害涌水量　　　D. 平均涌水量

83. 井下需要构筑水闸墙的，应由（　　　）进行设计。

A. 煤矿地测科　　　B. 煤矿企业技术部　　　C. 相应资质单位　　　D. 施工队

84. 水文地质条件复杂和极复杂的矿井，在地面无法查明矿井水文地质条件和充水因素时，必须坚持（　　　）。

A. 有掘必探　　　B. 有疑必探　　　C. 物探先行　　　D. 预测预报

85. 采掘工作面探水前，应编制探放水设计，确定（　　　）。

A. 探水队伍　　　B. 钻机型号　　　C. 探水警戒线　　　D. 探水时间

86. 探放水设计由（　　　）提出，经总工程师组织审定同意，按设计进行探放水。

A. 生产部　　　　B. 地测机构　　　C. 安监机构　　　D. 调度室

87. 水体下采煤，应由（　　）编制可行性方案和开采设计。

    A. 煤矿地测科

    B. 煤矿企业技术部

    C. 乙级及以上资质煤炭设计单位

    D. 丙级及以上资质煤炭设计单位

88. 严禁在水体下开采（　　）。

    A. 厚煤层　　　　　　B. 不稳定煤层　　　　C. 急倾斜煤层　　　D. 缓倾斜煤层

89. 探放老空水时，至少有 1 个钻孔打中老空水体的（　　）。

    A. 顶板　　　　　　　B. 底板　　　　　　　C. 上部　　　　　　D. 下部

90. 受地表水强烈补给的老空，放水应尽量避免在（　　）进行。

    A. 冬季　　　　　　　B. 雨季　　　　　　　C. 春季　　　　　　D. 旱季

91. 在施工大于 1.5 MPa 的高水压钻孔时（　　）。

    A. 采取一定措施，可以不装防喷装置

    B. 可以不装防喷装置

    C. 必须装设防喷装置

    D. 见水之后，安设防喷装置

92. 钻孔内出现坍塌掉块或孔壁收缩，提动转具有阻力时，应（　　）。

    A. 边提边扫孔　　　B. 强行提拔　　　　　C. 加大钻速　　　　D. 冲力提拔

93. 发现水压突然增大或减小及出现顶钻机现象时，要（　　）。

    A. 继续钻进　　　　　　　　　　　　　B. 停止钻进

    C. 停止钻进，但不得拔出钻杆　　　　　D. 拔出钻杆

94. 煤层顶板有含水层和水体存在时，应当观测"三带"发育高度。当导水裂隙带范围内的含水层或老空积水影响安全开采时，必须（　　）水，并建立疏排水系统。

    A. 超前探放　　　　　B. 边采边探　　　　　C. 边掘边探

95. 水仓、沉淀池和水沟中的淤泥，应当及时清理，每年（　　）必须清理 1 次。

    A. 雨季前　　　　　　B. 雨季中　　　　　　C. 雨季后

96. 煤矿企业、矿井应当建立（　　）加强与周边相邻矿井的信息沟通，发现矿井水害可能影响相邻矿井时，立即向周边相邻矿井进行预警。

    A. 灾害防治

    B. 信息沟通

    C. 灾害性天气预警和预防机制

97. 相邻矿井的分界处，必须留（　　）。

　　A. 防水煤柱　　　　B. 防水密闭　　　　C. 防水墙

98. 矿井受河流、山洪和滑坡威胁时，必须采取修筑堤坝、泄洪渠和（　　）的措施。

　　A. 防止淹井　　　　B. 防止渗水　　　　C. 防止滑坡

99. 疏干降压是一种防治矿井水害的（　　）。

　　A. 积极措施　　　　B. 消极措施　　　　C. 被动措施

100. 对于新凿立井、斜井，垂深每延深（　　），应当观测1次涌水量。

　　A. 5 m　　　　　　B. 10 m　　　　　　C. 15 m

101. 每年雨季前至少组织开展（　　）次水害应急预案演练。

　　A. 0　　　　　　　B. 1　　　　　　　C. 2

102. 演练计划、方案、记录和总结评估报告等资料保存期限不得少于（　　）年。

　　A. 1　　　　　　　B. 3　　　　　　　C. 3

103. 矿井必须规定避水灾路线，设置能够在矿灯照明下清晰可见的避水灾标识。巷道交叉口必须设置标识，采区巷道内标识间距不得大于（　　），矿井主要巷道内标识间距不得大于（　　），并让井下职工熟知，一旦突水，能够安全撤离。

　　A. 200 m；300 m　　B. 300 m；200 m　　C. 300 m；300 m

104. 矿井应当根据实际情况建立下列防治水基础台账，并至少每半年整理完善（　　）次。

　　A. 1　　　　　　　B. 3　　　　　　　C. 3

105. 采掘工作面探水前，应当编制探放水设计和施工安全技术措施，确定（　　），并绘制在采掘工程平面图和矿井充水性图上。

　　A. 积水线和警戒线

　　B. 积水线和警戒线

　　C. 探水线和警戒线

106. 上山探水时，应当采用双巷掘进，其中一条超前探水和汇水，另一条用来安全撤人；双巷间每隔（　　）掘1个联络巷，并设挡水墙。

　　A. 20～40 m　　　B. 30～50 m　　　C. 40～60 m

107. 探放水钻孔除兼作堵水钻孔外，终孔孔径一般不得大于（　　）。

　　A. 90 mm　　　　B. 94 mm　　　　C. 100 mm

108. 老空积水范围、积水量不清楚的，近距离煤层开采的或者地质构造不清楚的，探放水钻孔超前距不得小于（　　），止水套管长度不得小于 10 m；老空积水范围、积水量清楚的，根据水头值高低、煤（岩）层厚度、强度及安全技术措施等确定。

 A. 20 m   B. 30 m   C. 40 m

二、多选题

1. 煤矿企业、矿井的主要负责人是本单位防治水工作的第一责任人。主要负责人包含（　　）。

 A. 法定代表人   B. 实际控制人   C. 总工程师   D. 地测副总工程师

2. 掘进工作面淋水的处理方法有（　　）。

 A. 预注浆封水   B. 快硬砂浆堵水   C. 截水槽截水   D. 截水棚截水

3. 探放老空水前，应当首先分析查明老空水体的（　　）等。

 A. 空间位置   B. 积水范围   C. 积水量   D. 水压

4. 按含水介质（空隙）类型，地下水可分为（　　）。

 A. 孔隙水   B. 裂隙水   C. 岩溶水   D. 老空水

5. 煤矿企业、矿井应当建立健全（　　）制度等。

 A. 水害防治技术管理制度   B. 水害预测预报制度

 C. 水害隐患排查治理制度   D. 水害防治岗位责任制

6. 下列属于矿井透水征兆的有（　　）。

 A. 煤层变湿、挂红、挂汗   B. 空气变冷

 C. 顶板来压、片帮   D. 底板鼓起或产生裂隙

7. 采掘工作面遇到下列情况之一时，必须确定探水线进行探水：（　　）。

 A. 接近可能积水的相邻煤矿   B. 接近导水陷落柱

 C. 打开隔离煤柱放水   D. 接近有水的灌浆区

8. 下列哪些是井下探放水"三专"要求内容（　　）。

 A. 专业技术人员编制探放水设计   B. 专用探放水钻机

 C. 专项探放水费用   D. 专职探放水队伍

9. 矿井水害按照不同类型可分为（　　）。

 A. 地表水水害   B. 顶板水害   C. 底板水害   D. 老空水害

10. 下列关于井下主要排水泵房的规定，正确的是（　　）。

 A. 应当有工作和备用的排水管路

 B. 配电设备应同工作、备用及检修的水泵相适应，并能同时运转全部水泵

 C. 主要泵房至少有 2 个出口

D. 每年至少做 2 次主要排水泵房的联合排水试验

11. 下列属于矿井下防治水措施的有 （　　　）。

    A. 留设防隔水煤（岩）柱　　　　　　B. 井下探放水

    C. 含水层的疏放降压　　　　　　　　D. 建设防水闸门和防水闸墙

12. 探放水设计中首先应设计出 （　　　）。

    A. 积水线　　　　B. 探水线　　　　C. 排水线　　　　D. 警戒线

13. 采掘工作面或其他地点有透水征兆时，应当 （　　　）。

    A. 立即停止作业　　　　　　　　　　B. 报告矿调度室

    C. 发出警报　　　　　　　　　　　　D. 撤出所有受水威胁地点的人员

14. 煤系顶、底部有强岩溶承压含水层时，主要 （　　　）必须布置在不受水威胁的层位中，并以石门分区隔离开采。

    A. 运输巷　　　　B. 主要回风巷　　　C. 顺槽　　　　D. 联络巷

15. 防隔水煤（岩）柱的尺寸，应当根据相邻矿井的地质构造、（　　　）以及岩层移动规律等因素，在矿井设计中确定。

    A. 水文地质条件　B. 煤层赋存条件　C. 围岩性质　　　D. 开采方法

16. 断层对煤矿安全生产的影响表现在 （　　　）。

    A. 断层破碎严重时，影响采区划分和工作面巷道布置

    B. 会给支护工作和顶板管理带来困难，管理不善会造成顶板事故

    C. 容易引起断层透水事故

    D. 断层破碎带可能聚积瓦斯，当工作面通过时，容易发生瓦斯事故

17. 采掘工作面或其他地点遇到有突水预兆时，必须 （　　　），撤出所有受水威胁地点的人员。

    A. 停止作业　　　　　　　　　　　　B. 采取措施

    C. 立即报告矿调度室　　　　　　　　D. 发出警报

18. 井下 （　　　）是防止突然透水造成水害和控制水害范围的设施。

    A. 探放水设备　B. 水闸门　　　C. 水仓　　　　D. 水泵

19. 矿井必须做好水害分析预报，坚持 "（　　　）" 的探放水原则。

    A. 预测预报　　　B. 有疑必探　　　C. 先探后掘　　D. 先治后采

20. 矿井水的来源主要有 （　　　）等。

    A. 含水层水　　　B. 大气降水　　　C. 地表水　　　D. 老空水

21. 承压含水层下采煤，应根据 （　　　）编制防治水措施。

    A. 煤层厚度　　　　　　　　　　　　B. 水压

    C. 隔水层结构和强度　　　　　　　　D. 隔水层厚度

22. 掘进工作面淋水的处理方法有（　　　）。

    A. 预注浆封水　　　B. 快硬砂浆堵水　　C. 截水槽截水　　D. 截水棚截水

23. 当探水钻孔时出现（　　　）现象，必须停止钻进。

    A. 煤岩松软　　　　　　　　　　　　　　　　　　B. 片帮

    C. 来压或钻眼中水压、水量突然增大　　　　　　D. 顶钻

24. 常用防水煤柱的主要类型有（　　　）。

    A. 断层防水煤柱

    B. 井田边界防水煤柱

    C. 上、下水平（或相邻采区）防水煤柱

    D. 水淹区防水煤柱

25. 采掘工作面遇有下列情况之一时，应当立即停止施工，确定探水线，实施超前探放水，经确认无水害威胁后，方可施工：（　　　）。

    A. 接近水淹或者可能积水的井巷、老空区或者相邻煤矿时

    B. 接近含水层、导水断层、溶洞和导水陷落柱时

    C. 打开隔离煤柱放水时

    D. 接近可能与河流、湖泊、水库、蓄水池、水井等相通的导水通道时

    E. 接近有出水可能的钻孔时

    F. 接近水文地质条件不清的区域时

    G. 接近有积水的灌浆区时

    H. 接近其他可能突（透）水的区域时

26. 根据水源不同，可将矿井水害分为（　　　）及岩溶水水害。

    A. 地表水水害　　　B. 老窑水水害　　C. 孔隙水水害　　D. 裂隙水水害

27. 当开采煤层受底板高承压含水层威胁时，应当进行（　　　）。

    A. 疏干开采　　　　B. 疏水降压　　　C. 注浆加固　　D. 直接开采

28. 按含水层和煤层的接触关系可将含水层分为（　　　）。

    A. 直接充水含水层　　　　　　　　B. 间接充水含水层

    C. 强含水层　　　　　　　　　　　D. 弱含水层

29. 老窑水的特点是（　　　）。

    A. 多为碱性水　　　　　　　　　　B. 以静储量为主

    C. 一般含有硫化氢气体　　　　　　D. 突水迅猛，破坏性强

30. 现场实际突水量的估算通常采用（　　　）。

    A. 浮标法　　　　　　　　　　　　B. 目测法

    C. 水泵标定法　　　　　　　　　　D. 容积法

31. 老空水突水预兆一般是（   ）。
    A. 有臭鸡蛋气味
    B. 煤体松软
    C. 煤体颜色变暗无光泽
    D. 水在手指间摩擦有发滑的感觉

32. 《煤矿防治水细则》中水害综合治理措施有防、（   ）。
    A. 堵   B. 疏   C. 排   D. 截
    E. 防   F. 探   G. 监

33. 探放老空水前，首先要分析查明老空水体的（   ）情况。
    A. 空间位置   B. 积水量   C. 水压   D. 水温

34. 按照岩层的富水性划分，含水层可分为富水性（   ）的含水层。
    A. 弱   B. 中等   C. 好
    D. 强   E. 极强

35. 根据水文地质类型划分标准，矿井水文地质类型可分为（   ）。
    A. 简单   B. 中等   C. 复杂
    D. 极复杂   E. 超复杂

36. 煤层开采后，顶板破坏可划分为（   ）上"三带"。
    A. 垮落带   B. 导水裂缝带   C. 破坏带   D. 弯曲带

37. 探放水钻孔参数主要包括（   ）。
    A. 孔深   B. 孔径   C. 方位   D. 倾角

38. 当煤矿井下存在老空积水区时，根据调查资料，在采掘工程平面图上要标出（   ）。
    A. 积水范围   B. 积水时间   C. 积水标高   D. 积水量

39. 老空区探放水设计应包含（   ）等图件。
    A. 老空位置及积水区平面图   B. 钻孔平面图
    C. 钻孔剖面图   D. 探放水钻孔结构图

40. 断层探查的主要内容包括（   ）。
    A. 断层的位置、落差、走向、倾向、倾角
    B. 受断层影响的煤层与强含水层之间的实际距离
    C. 断层带的导水性与富水性
    D. 断层两盘岩溶的发育情况

41. 井下探查治理陷落柱时，应（   ）。
    A. 沿煤层布置探放陷落柱水钻孔

  B. 钻孔一般按扇形布设

  C. 钻孔终孔位置满足平距不超过 3 m

  D. 超前距和帮距符合《煤矿防治水规定》要求

42. 地面封闭不良钻孔水的探查治理，应采取的措施是（ ）。

  A. 能在地面找到位置的有导水怀疑的钻孔，应在地面安装钻机进行检查处理

  B. 不便在地面找孔启封、水压较低的钻孔，可在井下探水找孔封堵

  C. 当导水钻孔的位置比较确切，但地面启封和井下探查处理都有困难时，可留设防水煤柱

  D. 一般在煤层中布置钻孔探放

43. 探放水钻进时发现（ ），应当立即停钻。

  A. 钻眼中水量突然增大

  B. 水压增大有顶钻现象

  C. 煤岩松软、片帮来压等突水预兆

  D. 钻机出现异常现象

44. 钻具出现（ ）情况时不得下钻。

  A. 钻杆磨损严重   B. 钻杆弯曲

  C. 钻杆拧不紧   D. 钻杆长度不统一

45. 施工井下简易水文观测钻孔要做到：（ ）。

  A. 每个回次起钻后、下钻前，各观测 1 次孔内水位或水压

  B. 正常钻进时，每小时观测 1 次涌水量

  C. 发现孔内有严重涌水现象时，应准确观测记录其起止深度，水压、出水量大小及其变化

  D. 取芯钻进

46. 使用注浆泵注浆作业时应注意（ ）。

  A. 注浆泵只适宜注水泥和水、水玻璃等较细的混合浆液

  B. 水泥和水的配比浓度一般不超过 1.5：1

  C. 不允许注强酸性化学物质

  D. 注浆压力应不超过注浆泵的最大额定压力

47. 下列关于煤矿水害应急预案说法正确的是（ ）。

  A. 应当具有针对性、科学性和可操作性

  B. 处置方案应当包括：发生不可预见性水害事故时，人员安全撤离的具体措施

    C. 每年都应当对应急预案修订完善

    D. 每 2 年进行 1 次救灾演练

48. "雨季三防"是指（   ）。

    A. 防洪   B. 防排水   C. 防雷电   D. 防灭火

49. 煤矿企业、矿井应当加强防治水技术研究和科技攻关，推广使用防治水的（   ），提高防治水工作的科技水平。

    A. 新工人   B. 新技术   C. 新装备   D. 新工艺

50. 井下排水系统中的（   ）和配电设备及输电线路，必须经常检查和维护，每年雨季前必须全面检修一次。

    A. 水仓   B. 水管   C. 闸阀   D. 水泵

51. 在探水时，如果瓦斯或其他有害气体浓度超过本规程规定时，必须立即（   ），及时处理。

    A. 停止钻进   B. 切断电源   C. 撤出人员   D. 报告矿调度

52. 承压含水层不具备疏水降压条件时，必须采取（   ）等防水措施。

    A. 建筑防水闸门   B. 注浆加固底板

    C. 留设防水煤柱   D. 增加抗灾强排能力

53. 每次降大到暴雨时和降雨后，必须派专人检查矿区及其附近地面有无（   ）等现象。发现漏水情况，必须及时处理。

    A. 裂缝   B. 老窑陷落   C. 岩溶塌陷   D. 褶曲

54. 严禁将（   ）等杂物堆放在山洪、河流可能冲刷到的地段。

    A. 矸石   B. 炉灰   C. 垃圾   D. 煤粉

55. 煤层底板含水层水的防治技术主要有（   ）。

    A. 底板含水层改造   B. 疏水降压

    C. 带压开采   D. 底板隔水层加固

56. 导水陷落柱对矿井水文地质条件的影响主要表现在（   ）。

    A. 煤层顶底板含水层水质差异不明显

    B. 矿井涌水量和突水量跳跃式变化

    C. 煤层顶底板含水层出现局部高水位的异常区

    D. 不同地段井巷涌水量大小相差悬殊

57. 煤矿企业必须定期收集、调查和核对相邻煤矿和废弃的老窑情况，并在井上、下工程对照图上标出其（   ）。

    A. 井田位置   B. 开采范围

    C. 开采年限   D. 积水情况

58. 严禁破坏（　　　）等的安全煤柱。
    A. 工业场地　　　B. 矿界　　　　　C. 防水　　　　　D. 井巷

59. 水灾发生后，抢险救灾的主要任务是（　　　）。
    A. 抢救伤员　　　B. 加强排水　　　C. 恢复通风　　　D. 加强支护

60. 根据地质类型划分标准，矿井地质类型可分为（　　　）。
    A. 简单　　　　　B. 中等　　　　　C. 复杂
    D. 极复杂　　　　E. 超复杂

61. 当钻孔接近老空时，预计可能发生瓦斯或者其他有害气体涌出的，应当设有
    （　　　）在现场值班，随时检查空气成分。
    A. 瓦斯检查员　　B. 探水班长　　　C. 探水队长　　　D. 矿山救护队员

62. 矿井应当与（　　　）等部门进行联系，建立灾害性天气预警和预防机制。
    A. 气象　　　　　B. 水利　　　　　C. 防汛
    D. 地震局　　　　E. 环保局

63. 矿井井下排水设备应当符合矿井排水的要求，应当有（　　　）水泵。
    A. 检修　　　　　B. 测试　　　　　C. 工作　　　　　D. 备用

64. 水文地质条件（　　　）的矿井，在地面无法查明矿井水文地质条件和充水因
    素时，应当坚持有掘必探的原则，加强探放水工作。
    A. 简单　　　　　B. 中等　　　　　C. 复杂　　　　　D. 极复杂

65. 水害事故发生后，矿井应当依照有关规定报告政府有关部门，不得（　　　）。
    A. 谎报　　　　　B. 瞒报　　　　　C. 迟报
    D. 漏报　　　　　E. 如实上报

66. 在矿井受水害威胁的区域，进行巷道掘进前，应当采用（　　　）探等方法查
    清水文地质条件。
    A. 巷探　　　　　B. 钻探　　　　　C. 物探　　　　　D. 化探

67. "三下"采煤是指（　　　）。
    A. 铁路下　　　　B. 建筑物下　　　C. 公路下　　　　D. 水体下

68. 矿井导水通道有（　　　）。
    A. 断层　　　　　B. 陷落柱　　　　C. 裂隙岩体　　　D. 封孔不良钻孔

69（　　　）必须经常检查和维护
    A. 水泵　　　　　B. 水管　　　　　C. 防水闸门　　　D. 排水用的配电设备

70. 按煤层厚度及其稳定性在井田范围内的变化情况，通常可分为（　　　）。
    A. 稳定煤层　　　　　　　　　　　　B. 较稳定煤层
    C. 不稳定煤层　　　　　　　　　　　D. 极不稳定煤层

71. 井下主要水仓必须有（   ）。

    A. 主仓　　　　　　　B. 副仓　　　　　　　C. 应急仓　　　　　　D. 备用仓

三、判断题

1. "预测预报、有疑必探、先探后掘、先治后采"是水灾治理的原则。（   ）

2. 探放水"三专"是指："专业技术人员、专职队伍、专用钻机"。（   ）

3. 煤矿企业应当设置安全生产管理机构，配备专职安全生产管理人员；煤与瓦斯突出矿井、水文地质类型复杂矿井还应设置专门的防治煤与瓦斯突出管理机构和防治水管理机构。（   ）

4. 煤矿企业、矿井应当编制本单位的防治水中长期规划（5~10年）和年度计划，并认真组织实施。（   ）

5. 严禁地表水体、强含水层、采空区水淹区域下且水患威胁未消除的急倾斜煤层。（   ）

6. 煤矿企业、矿井应当配备防治水专业技术人员，不一定建立专门的探放水作业队伍。（   ）

7. 小型煤矿，可不装备防治水抢险救灾设备。（   ）

8. 煤矿企业应查明矿区和矿井的水文地质条件，编制年度防治水计划，并组织实施。（   ）

9. 煤矿企业每年雨季前必须对防治水工作进行全面检查。（   ）

10. 当暴雨威胁矿井安全时，必须立即停产撤出井下全部人员，只有在确认暴雨洪水隐患彻底消除后方可恢复生产。（   ）

11. 矿井防隔水煤（岩）柱一经确定，不得随意变动，并通报相邻矿井。（   ）

12. 采取了防护措施后，可以在防隔水煤柱中采掘。（   ）

13. 在水淹区域应标出探水线的位置，采掘到探水线位置时，必须探水前进。（   ）

14. 受水淹区积水威胁的区域，必须在排除积水、消除威胁后方可进行采掘作业；如果无法排除积水，开采倾斜、缓倾斜煤层的，必须按有关规定，编制专项开采设计。（   ）

15. 在未固结的灌浆区、有淤泥的废弃井巷、岩石洞穴附近采掘时，应当按照受水淹积水威胁进行管理。（   ）

16. 开采水淹区域下的废弃防隔水煤柱时，应当彻底疏干上部积水，进行可行性技术评价，确保无溃浆（沙）威胁，严禁顶水作业。（   ）

17. 采掘工作面或其他地点发现透水征兆时，应当立即停止作业，报告矿调度

室，并发出警报，撤出所有受水威胁地点的人员。（　　）

18. 矿井采掘工作面探放水应当采用钻探方法，由专业人员和专职探放水队伍使用专用探放水钻机进行施工。（　　）

19. 煤层顶板存在富水性中等及以上含水层或者其他水体威胁时，应当实测垮落带、导水裂缝带、弯曲带发育高度，进行专项设计，确定安全合理的防隔水煤（岩）柱尺寸。（　　）

20. 开采底板有承压含水层的煤层，应制定专项安全技术措施，由煤矿企业技术负责人审批。（　　）

21. 矿井建设和延深中，当开拓到设计水平时，必须在建成防、排水系统后，方可开始向有突水危险地区开拓掘进。（　　）

22. 煤系顶、底部有强岩溶承压含水层时，主要运输巷和主要回风巷应当布置在不受水害威胁的层位中，并以石门分区隔离开采。（　　）

23. 在矿井有突水危险的采掘区域，应当在其附近设置防水闸门。（　　）

24. 矿井主要水仓必须有主仓和副仓，水仓容量最小能够容纳 8 h 正常涌水量。（　　）

25. 每年雨季时，必须对全部工作水泵和备用水泵进行 1 次联合排水试验。（　　）

26. 井筒开凿到底后，井底附近设置具有一定能力的临时排水设施，可向采区方向掘进。（　　）

27. 当采掘工作面接近水淹或可能积水的井巷、老空或相邻煤矿时采取相应的防护措施后可不需要进行探水。（　　）

28. 安装钻机进行探水前，应在探放水打钻地点或其附近安设专用电话，同时保证人员撤离通道畅通。（　　）

29. 在探放水钻进时，发现煤岩松软、来压或者钻眼中水压、水量突然增大和顶钻等透水征兆时，应当立即停止钻进，拔出钻杆。（　　）

30. 钻孔放水时，如果水量突然变化，应当立即报告矿调度室，分析原因，及时处理。（　　）

31. 排除井筒和下山的积水及恢复被淹井巷前，应当制定可靠的安全措施，防止被水封住的有毒、有害气体突然涌出。（　　）

32. 水文地质条件复杂、极复杂的煤矿企业、矿井，应当设立专门的防治水机构。（　　）

33. 矿井井口和工业场地内建筑物的标高，应当高于当地历年最高洪水位。（　　）

34. 防水闸门应当灵活可靠，并保证每年进行 2 次关闭试验，其中 1 次在雨季前进行。（　　）

35. 防治水工作应当坚持"预测预报、有疑必探、先探后掘、先治后采"的原则，采取"探、防、堵、疏、排、截、监"的综合治理措施。（　　）

36. 矿井主要泵房通到井底车场的出口通路内，应当设置易于关闭的既能防水又能防火的密闭门。（　　）

37. 矿井水仓、沉淀池和水沟中的淤泥，应当及时清理；每年雨季前，应当清理 1 次。（　　）

38. 对新掘进巷道内建筑的防水闸门，必须进行注水耐压试验。（　　）

39. 接近顶部采空区或冲积层开采工作面压力明显增大，顶板来压、片帮，局部冒顶或冒顶次数增加，有淋水或水中有砂，应考虑有溃水、溃砂的可能。（　　）

40. 位于矿区或矿区附近的地表水体，往往可以成为矿井充水的重要水源。（　　）

41. 在降水量大的地区，矿井充水往往较弱。（　　）

42. 当放水钻孔流量突然变小或突然断水，表明水基本放净。（　　）

43. 探放水设计中应首先标出积水线、探水线和警戒线三条线。（　　）

44. 对于防治老空、老窑水而言，最好的防治水策略应该是以堵为主。（　　）

45. 陷落柱对煤矿安全生产不会造成影响。（　　）

46. 采掘工作面接近相邻矿井，预测前方无水的情况下，可不进行探水。（　　）

47. 矿井防治水最重要的一个环节，就是防治地表水或大气降水的渗透补给。（　　）

48. 钻孔放水前，必须估计积水量，根据矿井排水能力和水仓容量，控制放水流量。（　　）

49. 探放老空水前，应当首先要分析查明老空水体的空间位置、积水量和水压。（　　）

50. 依据设计，确定主要探水孔位置时，由测量人员进行标定。负责探放水工作的人员必须亲临现场，共同确定钻孔的方位、倾角、深度和钻孔数量。（　　）

51. 对于煤层顶、底板带压的采掘工作面，应当提前编制防治水设计，制定并落实开采期间各项安全防范措施。（　　）

52. 新建矿井揭露的水文地质条件比地质报告复杂的，应当进行水文地质补充勘探，及时查明水害隐患，采取可靠的安全防范措施。井下探放水应当采用专

用钻机、由专业人员和专职探放水队伍进行施工。（　　）

53. 井口附近或塌陷区内外的地表水体可能溃入井下时，采取措施后，可以开采煤层露头的防水煤柱。（　　）

54. 井巷出水点的位置及其水量，不必绘在采掘工程平面图上。（　　）

55. 采掘工作面需要打开隔离煤柱放水时，制定安全措施后，不必确定探水线进行探水。（　　）

56. 顶板淋水加大，原有裂隙淋水突然增大，应视为透水征兆。（　　）

57. 采掘工作面接近积水区时，在地下水压的作用下，顶底板弯曲变形，有时伴有潮湿、渗水现象。（　　）

58. 煤矿井下主要排水设备的工作水泵能力，应能在 20 h 内排出矿井 24 h 的正常涌水量（包括充填水及其他用水）。（　　）

59. 小型煤矿，可不装备防治水抢险救灾设备。（　　）

60. 煤矿企业每年雨季前必须对防治水工作进行全面检查。（　　）

61. 采取了防护措施后，可以在防隔水煤柱中采掘。（　　）

62. 在矿井有突水危险的采掘区域，应当在其附近设置防水闸门。（　　）

63. 对新掘进巷道内建筑的防水闸门，必须进行注水耐压试验。（　　）

64. 在降水量大的地区，矿井充水往往较弱。（　　）

65. 当放水钻孔流量突然变小或突然断水，表明水基本放净。（　　）

66. 探放水设计中应首先标出积水线、探水线和警戒线三条线。（　　）

67. 对于防治老空、老窑水而言，最好的防治水策略应该是以堵为主。（　　）

68. 陷落柱对煤矿安全生产不会造成影响。（　　）

69. 井巷出水点的位置及其水量，不必绘在采掘工程平面图上。（　　）

70. 顶板淋水加大，原有裂隙淋水突然增大，应视为透水征兆。（　　）

71. 必须坚持"预测预报、有疑必探、先探后掘、先治后采"的防治水原则。（　　）

72. 顶板淋水加大，原有裂隙淋水突然增大，应视作透水前兆。（　　）

73. 接近水淹或可能积水的井巷、老空或相邻煤矿时必须先进行探水。（　　）

74. 井下出现水叫声，说明采掘工作面距积水区已很近，必须立即发出警报。（　　）

75. 井下发生透水或大量放水过程中应特别注意硫化氢中毒事故。（　　）

76. 井下发生透水破坏了巷道中的照明和路标时，现场人员应朝着有风流通过的上山巷道方向撤退。（　　）

77. 井下防治水的主要措施有：防、堵、疏、排、截。（　　）

78. 井下加强靠近探水地点的支护，打好坚固的立柱和挡板，以防高压水冲垮煤壁和支架。（　　）

79. 井下接近含水层、导水断层、溶洞和导水陷落柱时，根据生产需要可以不进行探水。（　　）

80. 煤层注水可以减小煤与瓦斯突出的危险性。（　　）

81. 煤矿在正常生产中突然发生的涌水现象称为矿井突水。（　　）

82. 矿井发生突水事故后，应启动全部排水设备和加速排水，防止整个矿井被淹。（　　）

83. 煤矿井下发生水灾时，被堵在巷道的人员应妥善避灾静卧，等待救援。（　　）

84. 由于积水的渗透，煤层会变得发潮、发暗、无光泽，如果剥去一层煤层没有发潮现象，则是透水预兆。（　　）

85. 煤矿在正常生产中突然发生的涌水现象称为矿井突水。（　　）

86. 如果有防水措施，可以开采煤层露头的防水煤柱。（　　）

87. 掘进工作面有透水征兆时，要立即停止掘进。（　　）

88. 排放被淹井巷的积水时，要定期检查水面的空气成分。（　　）

89. 钻眼时发现炮眼渗水，不要拔出钎杆。（　　）

90. "先探后掘"是指先探明巷道前方没有水害威胁后再掘进施工。（　　）

91. 采掘工作面接近可能积水的井巷、老空时，应立即停工，由专业人员和专职队伍进行探放水。（　　）

92. 防水闸门硐室前、后两侧，要分别砌筑 5 m 混凝土护碹。（　　）

93. 掘进工作面有透水征兆时，要立即停止掘进。（　　）

94. 当独头上山下部出口被水淹没无法撤退时，可在独头工作面暂避。（　　）

95. 煤矿突水过程主要决定于矿井水文地质条件，与采掘现场无关。（　　）

96. 排放被淹井巷的积水时，要定期检查水面的空气成分。（　　）

97. 《煤矿防治水细则》规定，水文地质类型复杂的矿井，应当在井底车场周围设置防水闸门或者在正常排水系统基础上另外安设由地面直接供电控制，且排水能力不小于最小涌水量的潜水泵或潜水泵排水系统。（　　）

98. 探放水工是从事煤矿井下探放水钻孔施工、封孔、水文地质参数收集与分析、探放水过程中的观测与记录等工作的专职人员或兼职人员。（　　）

99. 老空是指空区、老窑和已经报废井巷的总称。（　　）

100. 矿井正常涌水量，是指矿井开采期间单位时间内流入矿井的水量。（　　）

101. 水文地质条件复杂、极复杂的矿井，应当在井底车场周围设置防水闸门，

或者在正常排水系统基础上安装配备排水能力不小于最大涌水量的潜水泵排水系统。（　　）

102. 相邻矿井的分界处，应当留设防隔水煤（岩）柱。（　　）

103. 矿井最大涌水量，是指矿井开采期间正常情况下矿井涌水量的高峰值。（　　）

104. 断层是天然导水通道，其导水性不变。（　　）

105. 矿井发生突水后，如果初期水量较小，可在巷道的水沟中使用浮标法测量水量。（　　）

106. 严禁开采煤层露头的防隔水煤柱。（　　）

107. 在岩溶水充水矿井中，多数突水都是遇断层或在断层附近发生的，特别是小断层在突水中有极为重要的地位。（　　）

108. 断层分为导水与不导水断层，采掘工程经过不导水断层时，可以不采取措施。（　　）

109. 原则上不在煤层中探放水压高于 1 MPa 的陷落柱水。（　　）

110. 煤层底板水水害一般不会造成淹井事故。（　　）

111. 小型煤矿发生 60 m³/h 以上的突水，应当将突水情况及时上报所在地煤矿安全监察机构和地方人民政府煤炭行业主管部门。（　　）

112. 老窑水以静储量为主，一旦发生突水，可以在短时期内造成大量的水突入矿井，往往可能造成较大灾害。（　　）

113. 在矿井受水害威胁的区域进行巷道掘进前，应当采用钻探、物探、化探等方法查清水文地质条件。（　　）

114. 井下探放水应当使用专用的探放水钻机。（　　）

115. 在完整岩层中探放水钻孔的止水套管长度可以小于 5 m。（　　）

116. 探放水钻孔必须安装孔口套管，煤巷中探放老空积水的止水套管长度不得小于 10 m。（　　）

117. 套管固结后必须进行耐压试验，试验时，压力不得低于设计水头压力，稳压 10 min 以上即为合格。（　　）

118. 探水钻孔位于巷道低洼处时，应配备与探放水量相适应的排水设备。（　　）

119. 煤矿在每年雨季来临前要进行 1 次水害救灾演练。（　　）

120. 矿井发生突水时，应立即关闭水闸门。（　　）

121. 在工作面回采前，导水裂缝带可能破坏顶板含水层时，一般采用注浆加固措施防止淋水。（　　）

122. 揭露含水层水压大于 1.5 MPa 时，必须采用反压和有防喷装置的方法钻进。（　　）

123. 井下探水钻孔孔径一般不得小于 75 mm。（　　）

124. 水文地质条件复杂的矿井，在地面无法查明矿井水文地质条件和充水因素时，应当坚持"有疑必探、先探后掘"的原则。（　　）

125. 探放老空水时，除了监测放水量，还要定时检查空气成分。（　　）

126. 探放断裂构造水和岩溶水时，探水钻孔应沿掘进方向的前方及下方布置，底板方向的钻孔不得少于 2 个。（　　）

127. 矿井井口标高低于当地历年最高洪水位的，应当采取修筑堤坝、沟渠等防排水措施。（　　）

128. 地表水害探查的主要内容是圈定地表水害危险区。（　　）

129. 矿井对水量大、水压高的积水区，应先从煤层顶底板岩层打穿层放水孔，把水压降下来，然后再沿煤层打探水钻孔。（　　）

130. 探水前，应当确定探水线并将其绘制在采掘工程平面图上。（　　）

131. 探放老空水时，一般应从探水警戒线开始探水。（　　）

132. 探放水钻孔的超前距，应当根据水头高低、煤（岩）层厚度和硬度等确定。（　　）

133. 对本矿井的积水区，可以不探查，直接放水。（　　）

134. 当巷道处于三面受水威胁的地区，进行搜索性探放老窑水时，其探水钻孔多按半扇形布置。（　　）

135. 探放水前，必须清理巷道，清挖水沟，保证水路畅通。（　　）

136. 当积水区在上方，上山巷道三面受水威胁时，一般采用双巷掘进，交叉探水。（　　）

137. 在打钻地点或其附近要安设专用电话。（　　）

138. 探水前应加强钻孔附近的巷道支护，并在工作面迎头打好坚固的立柱和拦板。（　　）

139. 在预计水压大于 0.1 MPa 的地点探水时，要预先固结套管，套管口安装闸阀。（　　）

140. 当遇高压水顶钻杆时，应迅速拔出钻杆，关闭闸阀。（　　）

141. 探放老空水、陷落柱水和钻孔水时，探水钻孔要成组布设，钻孔终孔位置以满足平距 3 m 为准。（　　）

142. 探查断层产状，应与探查断层导水性相结合进行同步探查，钻孔数一般为 3 个。（　　）

143. 探查工作面前方已知存在断层时,应当至少有 1 个孔打在断层与含水层交面线附近。( )

144. 水压大于 1 MPa 时,一般不宜沿煤层探放断层水。( )

145. 当钻孔接近老空时,应当设有瓦斯检查员在现场值班,随时检查空气成分。( )

146. 探放陷落柱水的钻孔探测后必须注浆封闭并做好封孔记录,注浆结束压力应大于区域静水压力的 1.5 倍。( )

147. 当回采工作面内有导水断层或陷落柱时,应当按照规定留设防隔水煤柱,或采用注浆的方法封堵导水通道;否则,不准采煤。( )

148. 在井下封堵导水钻孔时,间断性地注入水泥浆即可封闭。( )

149. 在探放水钻孔钻进时,如果瓦斯或者其他有害气体浓度超过有关规定,应当立即停止钻进,切断电源,撤出人员并报告矿井调度室及时处理。( )

150. 在钻孔施工过程中,操作人员要避开钻杆活动方向,防止钻杆折断冲出孔外伤人。( )

151. 井下探放水钻孔除留作观测孔、放水孔外,均需要封孔。封孔要按照封孔设计进行,封孔质量达到设计要求。( )

152. 在井下探放水过程中,为了施工方便,止水套管上可以不安装水闸阀进行钻进,等出水后再安装水闸阀。( )

153. 封孔的目的是防止钻孔成为矿井充水通道,成为沟通矿区各含水层水力联系的通道。( )

154. 钻进中,当孔内瓦斯压力增高,出现顶钻、蹩泵现象时,应加压钻进。( )

155. 根据井下探水地点的实际情况,如果原设计钻孔钻进有困难时,工人可以自行调整打钻的方位和倾角。( )

156. 煤矿企业、矿井应当定期收集、调查和核对相邻煤矿和废弃的老窑情况。( )

157. 煤矿企业每年雨季前必须对防治水工作进行全面检查。( )

158. 矿井井口和工业场地内建筑物的地面标高,应当高于当地历史最高洪水位;否则,应当修筑堤坝、沟渠或者采取其他可靠防御洪水的措施。不具备采取可靠安全措施条件的,应当封闭填实该井口。( )

159. 采取了防护措施后,可以在防隔水煤柱中采掘。( )

160. 每次降大到暴雨时和降雨后,情况危急时,矿调度室及有关负责人应当立

即组织井下撤人，确保人员安全。（　　）

161. 煤层顶板有含水层和水体存在时，应当观测垮落带、导水裂缝带、弯曲带发育高度，进行专项设计，确定安全合理的防隔水煤（岩）柱厚度。（　　）

162. 新建矿井永久排水系统形成前，各施工区应当设置临时排水系统，并按该区预计的正常涌水量配备排水设备、设施，保证有足够的排水能力。（　　）

163. 钻孔放水时，如果水量突然变化，应当立即报告矿调度室，分析原因，及时处理。（　　）

164. 排除井筒和下山的积水及恢复被淹井巷前，应当制定可靠的安全措施，防止被水封住的有毒、有害气体突然涌出。（　　）

165. 探放水设计中应首先标出积水线、探水线和警戒线三条线。（　　）

166. 对于防治老空老窑水而言，最好的防治水策略应该是以堵为主。（　　）

167. 褶曲轴部或转折端通常变形强烈，煤岩层破碎、裂隙发育、强度降低，是安全隐患的重点部位。（　　）

168. 井巷出水点的位置及其水量，不必绘在采掘工程平面图上。（　　）

169. 采掘工作面需要打开隔离煤柱放水时，制定安全措施后，不必绘在采掘工程平面图上。（　　）

170. 煤矿防治水工作应当坚持预测预报、有疑必探、先探后掘、先治后采的原则，根据不同水文地质条件，采取探、防、堵、疏、排、截、监等综合防治措施。（　　）

171. 煤矿必须落实防治水的主体责任，推进防治水工作由过程治理向源头预防、局部治理向区域治理、井下治理向井上下结合治理、措施防范向工程治理、治水为主向治保结合的转变，构建理念先进、基础扎实、勘探清楚、科技攻关、综合治理、效果评价、应急处置的防治水工作体系。（　　）

172. 煤矿应当根据本单位的水害情况，配备满足工作需要的防治水专业技术人员，配齐专用的探放水设备，建立专门的探放水作业队伍，储备必要的水害抢险救灾设备和物资。（　　）

173. 严禁使用非专用钻机探放水。（　　）

174. 矿井正常涌水量，是指矿井开采期间，单位时间内流入矿井的平均水量。一般以年度作为统计区间，以"m³/h"为计量单位。（　　）

175. 矿井最大涌水量，是指矿井开采期间，正常情况下矿井涌水量的高峰值。主要与采动影响和降水量有关，不包括矿井灾害水量。一般以年度作为统

计区间，以"m³/h"为计量单位。（　　）

176. 《煤矿防治水细则》中规定的重大突水事故是指突水量首次达到 300 m³/h 几以上或者造成死亡 3 人以上等突水事故。（　　）

177. 对新掘进巷道内建筑的防水闸门，必须进行注水耐压试验。（　　）

178. 在降水量大的地区，矿井充水往往较弱。（　　）

179. 在煤矿井下透水事故的抢救中，首先要通知泵房人员，要将水仓水位降到最低程度，以争取较长的缓冲时间。（　　）

180. 探放水必须坚持"有疑必探，边探边掘"的探放水原则。（　　）

181. 老空积水区高于探放水点位置时，只准打钻孔探放水。（　　）

182. 离层水，是指煤层开采后，顶板覆岩不均匀变形及破坏而形成的离层空腔积水。（　　）

183. 积水线，是指经过调查确定的积水边界线。（　　）

184. 探水线，是指用钻探方法进行探水作业的起始线。（　　）

185. 警戒线，是指开始加强水情观测、警惕积水威胁的起始线。（　　）

186. 水文地质基础工作应对井田范围内及周边矿井采空区位置和积水情况进行调查分析并做好记录，制定相应的安全技术措施。（　　）

187. 发生重大及以上突（透）水事故后，恢复生产前应重新确定水文地质类型。（　　）

188. 水文地质类型复杂、极复杂的矿井建立水文动态观测系统。（　　）

189. 井下探放水应采用专用钻机，由专业人员和专职探放水队伍施工。（　　）

190. 严禁在水体下、采空区、水淹区域下开采急倾斜煤层。（　　）

191. 在矿井有突水危险的采掘区域，应当在其附近设置防水闸门。（　　）

192. 水文地质类型复杂、极复杂的煤矿，还应当设立专门的防治水机构、配备防治水副总工程师。（　　）

193. 有受水患威胁地点的人员，在原因未查清、隐患未排除之前，不得进行任何采掘活动。（　　）

194. 煤炭企业、煤矿应当编制本单位防治水中长期规划（3 年）和年度计划，并组织实施。（　　）

195. 煤矿防治水应当做到"一矿一策、一面一策"，确保安全技术措施的科学性、针对性和有效性。（　　）

196. 物探作业前，不需要根据采掘工作面的实际情况和工作目的等编写设计，设计时充分考虑控制精度，设计由煤矿总工程师组织审批。（　　）

197. 接近可能与河流、湖泊、水库、蓄水池、水井等相通的导水通道时，不需

要探放水。（　　）

198. 接近含水层、导水断层、溶洞或者导水陷落柱时，必须进行探放水。（　　）

199. 严格执行井下探放水"三专"要求。由专业技术人员编制探放水设计，采用专用钻机进行探放水，由专职探放水队伍施工。条件不具备时可以使用非专用钻机探放水。（　　）

200. 制定包括紧急撤人时避灾路线在内的安全措施，使作业区域的每个人员了解和掌握，并保持撤人通道畅通。（　　）

201. 冲击地压矿井必须制定采掘工作面冲击地压避灾路线，绘制井下避灾线路图。（　　）

参 考 答 案

一、单选题

1-5 BCCAC	6-10 CBACA	11-15 CACAC	16-20 CCCAB
21-25 CCBAB	26-30 ABCCA	31-35 AACBA	36-40 BAACB
41-45 CABBC	46-50 CABCB	51-55 CAACA	56-60 BDABB
61-65 CCABD	66-70 BCACA	71-75 CBACB	76-80 BCDBD
81-85 CBCAC	86-90 BCCBB	91-95 CACAA	96-100 CACAB
101-105 BBAAC	106-108 BBB		

二、多选题

1. AB	2. ABCD	3. ABCD	4. ABC	5. ABCD	6. ABCD
7. ABCD	8. ABD	9. ABCD	10. ABC	11. ABCD	12. ABD
13. ABCD	14. AB	15. ABCD	16. ABCD	17. ABCD	18. AB
19. ABCD	20. ABCD	21. BCD	22. ABCD	23. ABCD	24. ABCD
25. ABCDEFGH	26. ABCD	27. BC	28. AB	29. BCD	30. ACD
31. ABCD	32. ABCDEFG	33. ABC	34. ABDE	35. ABCD	36. ABD
37. ABCD	38. ACD	39. ABCD	40. ABCD	41. BCD	42. ABC
43. ABCD	44. ABC	45. ABC	46. ABCD	47. ABC	48. ABC
49. BCD	50. BCD	51. ABCD	52. ABCD	53. ABC	54. ABCD
55. ABCD	56. ABCD	57. ABCD	58. ABCD	59. ABC	60. ABCD
61. AD	62. ABC	63. CD	64. CD	65. ABCD	66. BCD
67. ABD	68. ABCD	69. ABCD	70. ABCD	71. AB	

三、判断题

1-5 √√√√√	6-10 ××√√√	11-15 √×√√√
16-20 √√√√×	21-25 √√√×√	26-30 ××√√√
31-35 √√√√√	36-40 √√√√√	41-45 ××√××
46-50 ×√√√√	51-55 √√×√×	56-60 √√√×√
61-65 ×√√××	66-70 √×××√	71-75 √√√√√

76–80 √√√×√   81–85 √√√×√   86–90 ×√√√√
91–95 √√√√×   96–100 √√×√√   101–105 √√√×√
106–110 √√×√×   111–115 √√√√×   116–120 √×√√×
121–125 ×√××√   126–130 √√√√√   131–135 ×√××√
136–140 √√√√×   141–145 √√√√√   146–150 √√×√√
151–155 √×√××   156–160 √√√×√   161–165 √×√√√
166–170 ×√××√   171–175 √√√√√   176–180 √√×√√
181–185 √√√√√   186–190 √√√√√   191–195 √√√×√
196–200 ××√×√   201 √

第四部分
《防治煤矿冲击地压细则》
考核题库

一、单选题

1. 卸载钻孔就是在具有冲击危险的煤体中钻大直径钻孔，钻孔直径约（　　）为宜。

   A. 50 mm　　　　B. 100 mm　　　　C. 150 mm　　　　D. 200 mm

2. 实验室试验拟定钻屑粒度大于 3 m 的百分含量小于（　　）时为无直接冲击危险状态。

   A. 20%　　　　B. 30%　　　　C. 40%　　　　D. 50%

3. 下列哪种冲击地压是根据冲击地压的物理特征，（　　）是按发生原因划分的。

   A. 压力型冲击地压　　B. 微冲击地压　　C. 灾害性冲击

4. 目前我们常采用（　　）方法来预测冲击地压危险性。

   A. 经验类比法　　　B. 钻屑法　　　C. 微震监测系统

5. 一般在（　　）的基础上进行冲击危险的区域预测，确定有冲击危险的地点。

   A. 钻屑法　　　　B. 经验类比法　　　C. 电磁辐射法

6. 在可能出现冲击地压的地段，优先采用（　　）进行预测。

   A. 钻屑法　　　　B. 经验类比法　　　C. 电磁辐射法

7. 钻孔卸压在冲击地压防治措施中属于（　　）措施。

   A. 区域性防范　　　B. 局部性防范　　　C. 整体性防范

8. 煤层注水时通常超前时间需要（　　）天。

   A. 5~10　　　　B. 10~15　　　　C. 20~30　　　　D. 30~40

9. 电磁辐射预警值对于掘进工作面的冲击危险，拟采取正常监测值的（　　）倍作为冲击危险的临界指标。

   A. 1.3~1.5　　　B. 1.6~1.8　　　C. 1.0~1.2

10. 对于没有冲击危险的煤层，工作面煤体的电磁辐射信号（　　），脉冲数较低。

    A. 非常强　　　　B. 非常弱

11. 下列哪种方法是区域性防治冲击地压的措施。（　　）。

    A. 合理确定开拓布局和开采方法

    B. 卸载钻孔

    C. 卸载爆破

12. 进行冲击地压卸压爆破时躲炮半径不得小于（　　）。

    A. 50 m　　　　B. 75 m　　　　C. 100 m　　　　D. 150 m

13. 进行冲击地压卸压爆破时躲炮时间不得少于（　　）。

    A. 15 min   B. 30 min   C. 30 min   D. 40 min

14. 冲击地压发生前一般无明显前兆，冲击过程短暂，持续时间几秒到几十秒，难以事先准确确定发生的时间、地点的强度是指冲击地压的（　　）。

    A. 破坏性   B. 突发性   C. 复杂性

15. 部分煤或岩体急剧破坏，大量的煤或岩石向已采空间抛出，出现支架折损、设备移动和围岩强烈震动，伴有巨大声响，形成大量煤尘是指发生的冲击地压为（　　）。

    A. 弹射   B. 微冲击   C. 强冲击

16. 在支承压力带参数的测定中，一般多采用（　　）探测。

    A. 电磁辐射法   B. 钻屑法   C. 微震监测法   D. 应力监测法

17. 使用钻屑法检测冲击地压危险时，若有冲击危险所得的煤粉量（　　）。

    A. 较少

    B. 同无冲击地压时一样多

    C. 较多

18. 在高应力区段钻孔时，由于孔周围煤体已进入极限应力状态，排出的钻屑粒度（　　）。

    A. 较大

    B. 同无冲击地压时一样大

    C. 较小

19. 采用钻屑法检测时，钻杆每推进（　　）收集一次煤粉进行称量。

    A. 3 m   B. 3 m   C. 1 m   D. 4 m

20. （　　）是一种积极主动的区域性防范措施，不仅能消除或减缓冲击地压威胁，还可起到消尘作用。

    A. 卸压爆破   B. 钻孔卸压   C. 煤层预注水

21. 凡发生过冲击地压和埋藏深度超过（　　）的开采煤层，必须对开采煤层、煤层顶底板的冲击倾向性进行鉴定。

    A. 200 m   B. 300 m   C. 400 m

22. 在冲击地压煤层进行回采，同一煤层的相邻工作面向同一方向推进时，错距不得小于（　　）。

    A. 100 m   B. 150 m   C. 200 m

23. 有冲击危险时，工作面媒体电磁辐射信号强度（　　），超过设定的临界值。

    A. 较弱   B. 较强   C. 几乎为零

24. 无冲击危险的煤层工作面媒体的电磁辐射信号非常弱，脉冲数（　　　）。

    A. 较弱　　　　　　B. 较强　　　　　　C. 几乎为零

25. 开采冲击地压煤层的煤矿应有（　　　）负责冲击地压预报和防治工作。

    A. 防冲办　　　　　B. 矿长　　　　　　C. 专人

26. 严重冲击地压煤层中的所有巷道应布置在应力集中圈外；双巷掘进时，2 条平行巷道之间的煤柱不得小于（　　　）。

    A. 6 m　　　　　　B. 8 m　　　　　　C. 10 m

27. 开采冲击地压煤层时，在同一煤层的同一区段集中应力影响范围内，两个工作面采用综合机械化掘进相向掘进，在相距（　　　）时，必须停止其中一个掘进工作面。

    A. 120 m　　　　　B. 130 m　　　　　C. 150 m

28. 回采工作面附近应力集中区的老巷在使用前及停产（　　　）天以上的工作面恢复生产前应进行冲击危险的检查和处理。

    A. 1　　　　　　　B. 3　　　　　　　C. 3

29. （　　　）是防治冲击地压的一项有效的，带有根本性的区域性防范措施。

    A. 煤层注水　　　　B. 开采保护层　　　C. 卸压爆破

30. 冲击地压防治的基本途径是（　　　）。

    A. 区域性防治　　　B. 综合防治　　　　C. 局部性防治

31. 有冲击地压危险的采掘工作面必须设置压风自救系统。应当在距采掘工作面（　　　）的巷道内、爆破地点、撤离人员与警戒人员所在位置、回风巷有人作业处等地点，至少设置（　　　）组压风自救装置。

    A. 5~10 m　1　　　　　　　　　　B. 15~20 m　1

    C. 25~40 m　2　　　　　　　　　D. 45~50 m　2

二、多选题

1. 预测冲击地压的常规方法主要根据的条件是（　　　）。

    A. 煤的冲击倾向　　B. 煤的埋藏深度　　C. 支承应力带特征

2. 下列冲击地压防治措施中哪些防治措施属于区域性防范措施（　　　）。

    A. 开采保护层　　　B. 煤层顶注水　　　C. 钻孔卸压　　　　D. 诱发爆破

3. 下列哪些属于矿山压力现象（　　　）。

    A. 顶底板闭合　　　B. 支架折损　　　　C. 冒顶

4. 开采冲击地压煤层时，冲击危险程度和采取措施后的实际效果，可采用（　　　）等方法确定。

A. 钻粉率指标法　　B. 地音法　　　　　C. 微震法

5. 发生冲击地压事故后，（　　）必须立即组织人员进行抢救、处理。

　　A. 矿长　　　　　　B. 总工程师　　　C. 区队长　　　　　D. 调度室

6. 煤层冲击倾向的鉴定可分为（　　）等几类。

　　A. 强烈冲击倾向　　B. 中等冲击倾向　　C. 无冲击倾向

7. 开拓巷道及永久硐室应布置在（　　）中。

　　A. 煤层　　　　　　B. 岩层　　　　　C. 无冲击危险的煤层

8. 开采冲击地压煤层的专门设计，设计说明书除一般采掘工程设计的内容外，还应包括（　　）等。

　　A. 地质条件　　　　B. 开采条件　　　C. 冲击地压危险程度

9. 根据原岩（煤）体应力状态不同冲击地压分为（　　）。

　　A. 重力型　　　　　B. 微冲击　　　　C. 构造应力型　　　　D. 中间型

10. 下列哪些属于影响冲击地压主要的自然地质因素（　　）。

　　A. 煤层性质　　　　B. 围岩性质　　　C. 地质构造　　　　　D. 采煤方法

11. 采用底板钻孔卸压防治冲击地压时，应当依据（　　）综合确定卸压钻孔参数。

　　A. 冲击危险性评价结果

　　B. 底板煤岩层物理力学性质

　　C. 开采布置等实际具体条件

三、判断题

1. 在可能出现冲击地压的地段，优先采用钻屑法，同时辅以电磁辐射监测法（或微震系统监测法）和围岩变形观测法进行综合预测。（　　）

2. 采掘顺序的选择不会对冲击地压的发生产生影响。（　　）

3. 实施钻屑法检测时，人员要把持好钻具，防止管路缠绕、伤人。（　　）

4. 采用钻屑法检测时，当发生"吸钻"现象时，要在保持钻机继续转动的情况下及时用力将钻向外拉，尽最大可能避免卡钻。（　　）

5. 有冲击危险时，工作面媒体电磁辐射信号强度较强，脉冲数较低。（　　）

6. 对于没有冲击危险的煤层，工作面煤体的电磁辐射信号为零。（　　）

7. 具有冲击地压危险的作业地点必须将杂物清理干净，保持出口的畅通：备用材料必须放到远离作业地点；无法外运的设备、管路、物品，必须有生根措施。（　　）

8. 在可能出现冲击地压的地段，优先采用电磁辐射监测法（或微震系统监法），

同时辅以钻屑法和围岩变形观测法进行综合预测。（　　）

9. 开采有冲击危险的煤层，应采用宽巷掘进，少用或不用双巷或多巷同时平行掘进。（　　）

10. 在煤层应力高度集中时，必须进行解危处理，否则不得进行回采与掘进工作。（　　）

11. 在有冲击的煤层中开采时，顶板管理应尽量采用全部垮落法。（　　）

12. 开采保护层是防治冲击地压的一项有效的，带有根本性的区域性防范措施。（　　）

13. 有冲击地压的矿井必须开展防治冲击地压基本知识教育。（　　）

14. 在有冲击危险地点进行作业时要进行冲击危险检测，确认无危险时才可进行。（　　）

15. 冲击危险区域内所有人员必须按规定使用劳动保护用品，戴好安全帽，工作服、皮带、矿灯、自救器等保持配戴整齐。（　　）

16. 在煤矿中常有断层、褶曲和局部异常的构造带不会发生冲击地压。（　　）

17. 正确地设计选择合理的开采顺序，可以避免冲击地压的发生。（　　）

18. 电磁辐射强度或脉冲数值明显由大变小，但一段时间后又突然增大，这种情况属于具有发生动力灾害的可能。（　　）

19. 对于掘进工作面的冲击危险，拟采取正常监测值的 3 倍作为冲击危险的临界指标。（　　）

20. 开采保护层是指一个煤层（或分层）先采，能使临近煤层得到一定时间的卸载。（　　）

21. 开采冲击地压煤层时应采用垮落法控制顶板，切顶支架应有足够的工作阻力，采空区所有支柱必须回净。（　　）

22. 在无冲击地压煤层中的三面或四面被采空区所包围的地区、构造应力区、集中应力区开采和回收煤柱时，不必制定防治冲击地压的安全措施。（　　）

23. 对冲击地压煤层，应根据顶板岩性掘进宽巷或沿采空区边缘掘进巷道。特殊情况下巷道支护可以采用混凝土、金属等刚性支架。（　　）

24. 采用钻屑法检测冲击危险时，应力集中程度越高，钻出的煤粉颗粒越小。（　　）

25. 采用钻屑法检测冲击危险时，当发生"吸钻"现象时可以继续向里钻进。（　　）

26. 开采有冲击危险的煤层，开拓或准备巷道应布置在底板岩层或无冲击危险煤层中。（　　）

27. 开采冲击地压煤层的煤矿应有专人负责冲击地压预报和防治工作。（　　）

28. 冲击地压煤层掘进工作面临近大型地质构造、采空区，通过其他集中应力区以及回收煤柱时，必须制定措施。（　　）

29. 开采严重冲击地压煤层时，可以在采空区留有煤柱，但必须将煤柱的位置、尺寸以及影响范围标在采掘工程图上。（　　）

30. 实施卸压爆破后可以不检查卸压效果，就进行其他工作。（　　）

31. 钻孔卸压是利用钻孔方法消除或减缓冲击地压危险的解危措施。（　　）

32. 钻孔卸压的实质是利用高应力条件下，煤层中积聚的弹性能来破坏钻孔周围的煤体，使煤层卸压、释放能量，消除冲击危险。（　　）

33. 开拓巷道和永久硐室可以布置在严重冲击地压煤层中，但必编制预防措施。（　　）

34. 开采冲击地压煤层时，冲击危险程度和采取措施后的实际效果，可采用钻粉率指标法、地音法、微震法等方法确定。（　　）

35. 对冲击地压煤层，应根据顶板岩性掘进窄巷或沿采空区边缘掘进巷道。（　　）

36. 对冲击地压煤层，巷道支护可以采用混凝土、金属等刚性支架，但必须编制针对措施。（　　）

37. 严重冲击地压煤层中双巷掘进时，两条平行巷道之间的煤柱不得小于3 m。（　　）

38. 开采冲击地压煤层时应采用垮落法控制顶板，采空区所有支柱必须回净。（　　）

39. 开采冲击地压煤层时，停产 7 天以上的采煤工作面，恢复生产的前一班内，应鉴定冲击地压危险程度，并采取相应的安全措施。（　　）

40. 冲击地压矿井在采掘工作前必须编制包括防治冲击地压内容的掘进和回采作业规程和专项防治措施的实施规程。（　　）

41. 冲击地压矿井应每年对井下工作人员进行防治冲击地压基本知识教育。（　　）

42. 冲击危险施工区域内的支柱必须采取可靠的防倒措施。（　　）

43. 按合理顺序开采可以很好地预防冲击地压的发生。（　　）

44. 冲击地压矿井有关开采冲击地压煤层的各项工作，除遵守煤矿安全规程外，还应遵守冲击地压煤层安全开采暂行规定。（　　）

45. 在冲击地压煤层进行回采，同一煤层的相邻工作面向同一方向推进时，错距不得小于 150 m。（　　）

46. 冲击地压煤层的回采工作面，应采用冒落法管理顶板，必要时可采用人工放顶措施。（　　）

47. 采用钻屑法预测冲击危险程度，必须指定检测地点，按钻屑法试行技术规范进行。（　　）

48. 冲击危险区内的掘进与回采工作，必须始终在保护带内进行，保护带的宽度一般为 2 倍采高（或巷道高度）。（　　）

49. 进行强制放顶时，操作人员应在支架完好的安全地区内作业。（　　）

50. 开采冲击地压煤层时，停产 3 天以上的采煤工作面，恢复生产的前一班内，应鉴定冲击地压危险程度，并采取相应的安全措施。（　　）

51. 编制采区及工作面设计或制定防冲安全技术措施时，相邻工作面切眼、停采线尽可随意规定。（　　）

52. 冲击地压矿井的鉴定工作由矿务局指定单位负责，鉴定结果由矿务局公布。（　　）

53. 有冲击地压现象的矿井、条件类似的相邻矿井的煤层及冲击地压煤层的新水平，可以不进行冲击倾向鉴定。（　　）

54. 冲击地压矿井的开采设计原则规定首先是开采解放层。（　　）

55. 开采煤层群时，当全部煤层都是冲击地压煤层时，应尽可能首先开采危险性最大或厚度最大的煤层。（　　）

56. 开采解放层以后，在被解放层的有效卸压范围和有效期限内，可按无冲击地压煤层进行开采。（　　）

57. 在冲击危险区内掘进工作面和巷道交叉口必须加强支护。（　　）

58. 凡发生过冲击地压和埋藏深度超过 200 m 的开采煤层，必须对开采煤层、煤层顶底板的冲击倾向性进行鉴定。（　　）

59. 正在生产的采区（工作面）可以不编制防治冲击地压的专项设计。（　　）

60. 对有冲击地压的煤层，煤层开采必须留设煤柱时，对煤柱形状没有规定。（　　）

61. 冲击地压危险区内巷道要采用锚网支护或可缩性支护，并背网。（　　）

62. 在被认定为冲击危险区或已经发现有冲击地压现象的地点，应实施煤粉监测。（　　）

63. 钻屑法监测过程中，当打钻地点出现异常情况时，必须先将人员撤到安全地点，待压力稳定后，确认无危险后，再进行煤粉监测。（　　）

64. 在有冲击危险的区域内，若某项工程工期较紧时，可以先施工，然后再进行冲击地压监测。（　　）

65. 爆破卸压后，要进行效果监测，如仍然监测指标超限，还要继续采取卸压措施，直至消除冲击危险。（　　）

66. 基本顶是厚层砂岩或其他坚硬岩层，底板也是坚硬岩层结构的冲击危险煤层不具冲击危险性。（　　）

67. 煤柱上的集中应力不仅对本煤层开采有影响，还向下传递，对下部煤层形成冲击条件。（　　）

参 考 答 案

一、单选题

1-5 BBABB   6-10 ABBAB   11-15 ADCBC   16-20 BCACC

21-25 CBBCC   26-30 BCCBB   31 C

二、多选题

1. AC   2. AB   3. ABC   4. ABC   5. AB   6. ABC

7. BC   8. ABC   9. ACD   10. ABC   11. ABC

三、判断题

1-5 √×√√×   6-10 ×√×√√   11-15 √√√√√

16-20 ×√√×√   21-25 √××××   26-30 √√√√×

31-35 √√×√×   36-40 ××√×√   41-45 √√√√√

46-50 √√×√√   51-55 ×××√×   56-60 √√×××

61-65 √√√×√   66-67 ×√

第五部分
《防天火细则》考核题库

一、单选题

1. 煤矿必须编制火灾事故应急预案,每年至少组织( )次应急预案演练。

    A. 1   B. 3   C. 3

2. 内因火灾是由于煤炭或者其他易燃物质自身氧化蓄热,发生燃烧而引起的火灾。

    A. 内因火灾   B. 外因火灾   C. 井下火灾

3. 矿井必须制定防止采空区自然发火的封闭及管理专项措施,及时构筑各类密闭并保证质量。采煤工作面回采结束后,必须在( )天内进行永久性封闭。

    A. 30   B. 45   C. 60

4. 木料场、矸石山等堆放场距离进风井口不得小于( )。木料场距离矸石山不得小于50 m。

    A. 50 m   B. 60 m   C. 80 m

5. 注浆地点分散、注浆材料丰富可就地取材时,可采用( )。

    A. 地面集中式注浆系统   B. 地面移动式注浆系统   C. 井下移动式注浆系统

6. 惰性气体防火系统可分为地面固定式和( )。

    A. 地面移动式   B. 井下固定式   C. 井下移动式

7. 采用二氧化碳防火时,必须对采煤工作面进、回风流中二氧化碳浓度进行监测。当进风流中二氧化碳浓度超过( )或者回风流中二氧化碳浓度超过1.5%时,必须停止灌注、撤出人员、采取措施、进行处理。

    A. 0.5%   B. 1%   C. 1.5%

8. 采用均压技术调压时,不符合要求的选项是( )。

    A. 开采地表严重漏风的煤层时,应当先调压措施均压,再堵漏。

    B. 有相互影响的多煤层同时开采时,应当一并采取相应的均压措施。

    C. 采用层间调压时,应当采取控制层间压差的措施,防止有毒有害气体泄入相邻煤层的采煤工作面。

9. 采煤工作面回采结束后的采空区、报废煤巷的自燃火灾预防,以及采煤工作面长期停产等特殊条件的采空区自燃火灾预防,应当采用( )。

    A. 均压防火   B. 密闭防火   C. 惰性气体防火

10. 采用三相泡沫防火时,制备三相泡沫的浆液水土(灰)比宜为( )。

    A. 3:1~5:1   B. 3:1~6:1   C. 4:1~6:1

11. 当井下自然发火监测数据出现异常,达到自然发火预警值或者出现自然发火预兆时，应当采取（　　　）。

 A. 通告上级   B. 应急处置措施   C. 及时规避

12. 当火源点不明确、火区范围大、难以接近火源、灭火人员存在危险时，采用（　　　）。

 A. 隔绝方法灭火   B. 直接灭火法   C. 及时规避

13. 封闭火区时，应当合理确定封闭范围，在保证安全的情况下，应当尽量（　　　）封闭范围。

 A. 缩小   B. 保持   C. 扩大

14. 火区位置关系图以（　　　）为基础绘制，标明所有火区的边界、防火密闭墙位置、历次发火点的位置、漏风路线及防灭火系统布置。图上注明火区编号、名称、发火时间。

 A. 矿井地质图   B. 安全监控系统图 C. 通风系统图

15. 启封火区工作完毕后（　　　）天内，必须由救护队每班进行检查测定和取样分析气体成分，确认火区完全熄灭、通风情况正常后方可转入恢复生产工作。

 A. 1   B. 3   C. 3

16. 必须制定地面和采场内的防灭火措施。所有建筑物、煤堆、排土场、仓库、油库、爆炸物品库、木料厂等处的防火措施和制度必须符合（　　　）有关法律、法规和标准的规定。

 A. 国家   B. 省级   C. 市级

17. 开采容易自燃煤层的采（盘）区，必须设置至少（　　　）条专用回风巷。

 A. 1   B. 3   C. 3

18. 井下使用柴油机车，如确需在井下贮存柴油的，必须设有独立通风的专用贮存硐室，并制定安全措施。井下柴油最大贮存量不得超过矿井（　　　）天柴油需要量。

 A. 3   B. 5   C. 7

19. 井下爆炸物品库必须采用砌碹或者用非金属不燃性材料支护，风门、风窗必须采用不燃性材料。爆炸物品库出口两侧的巷道，必须采用砌碹或者用不燃性材料支护，支护长度不得小于（　　　）。

 A. 1 m   B. 5 m   C. 10 m

20. 电焊、气焊和喷灯焊接等作业完毕后，作业地点应当再次用水喷洒，并有专人在作业地点检查（　　　），发现异常，立即处理。

 A. 0.5 h   B. 1 h   C. 2 h

21. 带式输送机驱动滚筒下风侧 10~15 m 处应当设置（　　），宜设置（　　）。

    A. 温度传感器，一氧化碳

    B. 一氧化碳，甲烷

    C. 烟雾传感器，一氧化碳

22. 巷道高冒区、煤柱（煤壁）破碎区自燃火灾处置，采取（　　）撤人，（　　）封堵、注水、注浆（胶）等直接灭火措施进行灭火。

    A. 上风侧，下风侧　　　B. 上风侧，上风侧　　　C. 下风侧，上风侧

23. 采用三相泡沫防火时，走向长壁采煤工作面可在标高较高的巷道进行灌注，倾斜条带采煤工作面可在（　　）灌注，巷道高冒区可采用钻孔灌注。

    A. 进、回风巷同时　　　B. 先进风巷，后回风巷　　C. 先回风巷，后进风巷

24. 每次使用应当制定施工方案和专项安全措施，并经（　　）审核、报（　　）批准。

    A. 法定代表人，矿总工程师

    B. 矿总工程师，矿长

    C. 矿总工程师，法定代表人

25. 井下和井口房内不得进行电焊、气焊和喷灯焊接等作业。如果必须在井下主要硐室、主要进风井巷和井口房内进行电焊、气焊和喷灯焊接等工作，每次必须制定安全措施，由（　　）批准并遵守下列规定。

    A. 矿总工程师　　　　　B. 矿长　　　　　　　　C. 安全矿长

26. 采用惰性气体防火时，根据矿井实际条件，编制安全专项措施，报（　　）审批。

    A. 矿总工程师　　　　　B. 矿长　　　　　　　　C. 安全矿长

27. （　　），可选择井下移动式制氮装置或者液氮、液态二氧化碳小型储液罐及附属装置。

    A. 井下生产集中、惰性气体需求量较大时

    B. 生产的采（盘）区相距较远、惰性气体需求量较大时

    C. 惰性气体需求量小、地面输送距离长时

28. 巷道高冒区、煤柱（煤壁）破碎区自燃火灾灭火过程中应当（　　）火区内气体、温度等参数，考察灭火效果，完善灭火措施，直至火区达到熄灭标准。

    A. 不定期观测　　　　　B. 定期观测　　　　　　C. 连续观测

29. 任何人发现井下火灾时，应当视火灾性质、灾区通风和瓦斯情况，立即采取一切可能的方法直接灭火，控制火势，并迅速报告（　　）。

    A. 总工程师　　　　　　　B. 矿调度室　　　　　　C. 矿长

30. 至少有（　　）套专用的惰性气体输送管路系统及其附属安全设施。采用液氮或者液态二氧化碳直注时，输送管路必须符合耐低温和耐压要求。

    A. 1　　　　　　　　　　B. 3　　　　　　　　　　C. 3

31. 采用均压防火技术时，应当编制专项方案，经论证报（　　）批准后方可使用。

    A. 上级行政管理负责人　B. 上级工程设备负责人　C. 上级企业技术负责人

32. 采用均压技术调压时，采用层间调压应当采取控制（　　）的措施，防止有毒有害气体泄入相邻煤层的采煤工作面。

    A. 层间风流　　　　　　　B. 层间压差　　　　　　C. 层间风向

33. 密闭按服务期限可分为临时密闭和永久密闭，采用密闭防火时，应当编制密闭设计，并经（　　）批准

    A. 矿总工程师　　　　　　B. 矿长　　　　　　　　C. 安全矿长

34. 火区封闭后，应当采取措施减少漏风，并向封闭区内连续注入惰性气体，保持封闭区域氧气浓度不大于（　　）。

    A. 5.0%　　　　　　　　B. 6.0%　　　　　　　　C. 7.0%

35. （　　）和在现场的区、队、班组长应当依照灾害预防和处理计划的规定，将所有可能受火灾威胁区域中的人员撤离，并组织人员灭火。

    A. 总工程师　　　　　　　B. 矿调度室　　　　　　C. 区、队、班

36. 火区封闭后，应当避免火区缩封，有爆炸风险的，严禁缩封。如果必须进行缩封时，应当制定缩封过程安全保障措施，报（　　）批准，无上级企业的由煤矿组织专家进行论证。

    A. 上级企业技术负责人　B. 上级行政管理负责人　C. 上级工程设备负责人

37. 矿井防灭火专项设计由（　　）审批。

    A. 矿总工程师　　　　　　B. 矿长　　　　　　　　C. 安全矿长

38. 开采容易自燃煤层的新建矿井应当采用分区式通风或者对角式通风。初期采用中央并列式通风的只能布置（　　）个采区生产。

    A. 3　　　　　　　　　　B. 3　　　　　　　　　　C. 1

39. 用水灭火时，水流应当从（　　）喷射，必须有充足的风量和畅通的回风巷，防止水煤气爆炸。

    A. 火源中心　　　　　　　B. 火源外围　　　　　　C. 火源较弱处

40. 露天煤矿排土作业时，应当对高温剥离物料进行（　　）处理。

    A. 降温　　　　　　　　　B. 通风　　　　　　　　C. 防静电

41. 采用全部充填采煤法时，（　　）采用可燃物作充填材料。

    A. 不得　　　　　　　　B. 严禁　　　　　　　　C. 不准

42. 井下火区应当采用永久密闭墙封闭，密闭墙的质量标准由（　　）煤矿企业统一制定。

    A. 政府单位　　　　　　B. 上级行政部门　　　　C. 煤矿企业

43. 在同一煤层同一水平的火区两侧、煤层倾角小于（　　）的火区下部区段、火区下方邻近煤层进行采掘时，必须编制设计。

    A. 25°　　　　　　　　　B. 35°　　　　　　　　　C. 45°

44. 火区经连续取样分析符合火区熄灭条件后，由（　　）组织有关部门鉴定火区已经熄灭，提出火区注销或者启封报告，报上级企业技术负责人批准，无上级企业的由煤矿组织专家进行论证。

    A. 矿总工程师，法定代表人

    B. 法定代表人，矿总工程师

    C. 矿总工程师，矿长

45. 启封火区和恢复火区初期通风等工作，必须由（　　）矿山救护队负责进行，火区回风风流所经过巷道中的人员必须全部撤出。

    A. 矿山救护队　　　　　B. 上级企业技术负责人　C. 矿总工程师

46. 每季度应当对地面消防水池、井上下消防管路系统、防火门、消防材料库和消防器材的设置情况进行（　　）次检查，并做好记录，发现问题，要及时解决。

    A. 1　　　　　　　　　　B. 3　　　　　　　　　　C. 3

47. 对于采用卸载滚筒作驱动滚筒的带式输送机，烟雾传感器应当安装在滚筒（　　）。

    A. 正上方　　　　　　　B. 正下方　　　　　　　C. 附近

48. 注浆地点集中、取运注浆材料距离较远时，可采用（　　）。

    A. 地面集中式注浆系统　B. 地面移动式注浆系统　C. 井下移动式注浆系统

49. 建设地面瓦斯抽采泵房必须用不燃性材料，并必须有防雷电装置，其距进风井口和主要建筑物不得小于（　　），并用栅栏或者围墙保护。

    A. 30 m　　　　　　　　B. 40 m　　　　　　　　C. 50 m

50. 不得将矸石山设在进风井的主导风向上风侧、表土层（　　）以浅有煤层的地面上和漏风采空区上方的塌陷范围内。

    A. 5 m　　　　　　　　　B. 10 m　　　　　　　　C. 15 m

51. 一氧化碳传感器和温度传感器应当垂直悬挂，距顶板（顶梁）不得大于

（　　），距巷壁不得小于（　　），并安装维护方便，不影响行人和行车。

  A. 500 mm；200 mm B. 500 mm；300 mm C. 300 mm；200 mm

52. 煤矿应当加强井下火灾监测监控。开采容易自燃和自燃煤层的矿井，应当建立健全自然发火预测预报及管理制度，不符合下列规定的是：（　　）。

  A. 采用自然发火监测系统，需不定期监测采煤工作面采空区、瓦斯抽采管路的气体浓度

  B. 采煤工作面作业规程中应当明确自然发火监测地点和监测方法。监测地点应当实行挂牌制度

  C. 煤矿安全监控系统出现一氧化碳报警时，必须立即查明原因，根据实际情况采取措施进行处理

53. 采空区疏放水后，应当关闭疏水闸阀，采用自动放水装置或者（　　），防止通过放水管漏风。

  A. 有机材料封堵 B. 临时封堵 C. 永久封堵

54. 暖风道和压入式通风的风硐必须用不燃性材料砌筑，并至少装设（　　）道防火门。

  A. 1 B. 3 C. 3

55. 采用惰性气体防火时，根据矿井实际条件，注入的惰性气体浓度不小于（　　）。

  A. 96% B. 97% C. 98%

56. 采用均压技术防火时的调压措施应当根据均压要求确定，以下不属于调压措施的是（　　）。

  A. 调压风墙 B. 调压气室 C. 调压密室

57. 根据火区的实际情况选择灭火方法。在条件具备时，应当采用注水、注浆等直接灭火的方法。灭火工作必须从火源进风侧（　　）进行。

  A. 火源回风侧 B. 火源上风侧 C. 火源进风侧

58. 检查或者加固密闭墙等工作，应当在火区封闭完成（　　）后实施，火区条件复杂时应当酌情延长至48 h或72 h后进行。

  A. 24 h B. 48 h C. 72 h

59. 密闭应当设置观测孔观测（　　），观测管应当穿过所有密闭进入封闭区内。

  A. 风压、风速、风量

  B. 压差、气温、采集气样

  C. 温差、湿度、风速

60. 采用均压技术防火时，调压风机必须安装同等能力的（　　），均采用"三

专"供电,实现自动切换功能。

    A. 备用全屋通风机   B. 备用局部通风机   C. 备用局部送风机

61. 开采容易自燃和自燃煤层的矿井,封闭采空区时,应当构筑不少于(　　)道永久密闭墙,墙体中间采用不燃性材料进行充填。

    A. 1   B. 3   C. 3

62. 采用三相泡沫防火时,气源可采用氮气或者空气。气源进入发泡器入口的压力应当大于该点至灌注点间的泡沫流动阻力,且不低于(　　)。

    A. 0.2 MPa   B. 0.3 MPa   C. 0.4 MPa

63. 采用三相泡沫防火时,发泡剂不得具有助燃性、毒性、辐射性、刺激性(　　)等。

    A. 挥发性   B. 可燃性   C. 自黏性

64. 采煤工作面采空区发生自燃火灾封闭后(或发生自燃火灾的其他密闭区),应当采取措施减少漏风,并向密闭区域内连续注入惰性气体,保持密闭区域氧气浓度不大于(　　)。

    A. 5.0%   B. 6.0%   C. 7.0%

65. 矿井必须设地面消防水池和井下消防管路系统,地面的消防水池必须经常保持不少于 200 m^3 的水量。消防用水同生产、生活用水共用同一水池时,应当有确保消防用水的措施。

    A. 100 m^3 B. 150 m^3 C. 200 m^3

66. 地面瓦斯抽采泵房和泵房周围(　　)范围内,禁止堆积易燃物和有明火。

    A. 10 m   B. 30 m   C. 50 m

67. 电焊、气焊和喷灯焊接等工作地点的风流中,甲烷浓度不得超过(　　),且在检查证明作业地点附近(　　)范围内巷道顶部和支护背板后无瓦斯积存时,方可进行作业。

    A. 0.5%;10 m   B. 0.5%;20 m   C. 0.3%;10 m

68. 保持通风系统稳定,为防止引起瓦斯、煤尘爆炸,必须指定专人检查瓦斯和煤尘,观测灾区的气体和风流变化。当甲烷浓度达到(　　)以上并继续增加时,全部人员立即撤离至安全地点。

    A. 1.0%   B. 3.0%   C. 3.0%

69. 煤层倾角在(　　)及以上的火区下部区段严禁进行采掘工作。

    A. 25°   B. 35°   C. 45°

70. 有明火的炮孔或者孔内温度在 80 ℃以上的高温炮孔应当采取灭火、降温措施。

A. 60 ℃   B. 70 ℃   C. 80 ℃

71. 露天煤矿使用气焊割动火作业时，氧气瓶与乙炔气瓶间距不小于（   ），气瓶与动火作业地点均不小于（   ）。

   A. 5 m；10 m   B. 5 m；5 m   C. 10 m；5 m

72. 根据矿井具体条件采取注浆、注惰性气体、喷洒阻化剂等两种及以上防灭火技术手段，实施主动预防，并根据煤层氧化早期的（   ）或者采空区（   ）确定发火预兆的预警值，实现早期监测预警和措施优化改进，满足本工作面安全开采需要，并综合考虑采后采空区管理、相邻工作面和相邻煤层的防灭火需求。

   A. 甲烷 一氧化碳浓度   B. 甲烷 温度   C. 一氧化碳浓度 温度

73. 生产矿井延深新水平时，必须对揭露的平均厚度为（   ）以上煤层的自燃倾向性进行鉴定。

   A. 0.2 m   B. 0.3 m   C. 0.4 m

74. 采用均压技术防火时，开采突出煤层时，采煤工作面（   ）不得设置调节风量的设施。

   A. 回风侧   B. 进风侧   C. 下风侧

75. 处理掘进工作面火灾时，应当（   ），进行侦察后再采取措施。

   A. 减弱通风量   B. 保持原有的通风状态   C. 增大通风量

二、多选题

1. 煤矿防灭火工作必须坚持（   ）的原则，制定井上、下防灭火措施。

   A. 早期预警   B. 因地制宜   C. 监测预警   D. 预防为主

2. 露天煤矿焊割作业时，应当遵守下列规定（   ）。

   A. 在重点防火、防爆区焊割作业时，应当办理用火审批单，并制定防火、防爆措施

   B. 在矿用卡车上焊割作业时，应当防止火花溅落到下方作业区或者油箱，并采取防护措施

   C. 焊割作业场所应当确保通风良好，无易燃、易爆物品。焊割盛放过易燃、易爆物品或者情况不明物品的容器时，应当制定安全措施

   D. 定期通报作业人员健康状况与作息时间，防止人因疏漏导致的矿井火灾情况

3. 煤矿企业、煤矿的主要负责人是本单位防灭火工作的第一责任人。主要负责人包含（   ）。

A. 实际控制人　　　B. 安全矿长　　　　C. 总工程师　　　　D. 法定代表人

4. 火区注销或者启封报告应当包括下列内容（　　　）。

　　A. 与火区治理相关图纸

　　B. 灭火总结

　　C. 火区基本情况

　　D. 火区启封或者注销依据与鉴定结果

5. 在高温区、自然发火区进行爆破作业时，必须遵守下列规定（　　　）。

　　A. 高温孔经降温处理合格后方可装药起爆

　　B. 高温孔应当采用热感度低的炸药，或者将炸药、雷管作隔热包装

　　C. 测试孔内温度。有明火的炮孔或者孔内温度在 80 ℃ 以上的高温炮孔应当采取灭火、降温措施

　　D. 爆破作业人员需及时进行情况报备

6. 所有开采煤层应当通过（　　　）等方法确定煤层最短自然发火期。

　　A. 统计法　　　　B. 类比法　　　　C. 数学建模　　　　D. 实验测定

7. 开采下部水平的矿井，除地面消防水池外，可以利用上部水平或者生产水平的水仓作为消防水池。

　　A. 下部水平　　　B. 中间水平　　　C. 上部水平　　　D. 生产水平

8. 抽采容易自燃和自燃煤层的采空区瓦斯时，抽采管路应当安设（　　　），进行实时监测监控。

　　A. 温度传感器　　B. 甲烷　　　　　C. 一氧化碳　　　　D. 二氧化碳

9. 采空区发生自燃火灾时，应当视（　　　），立即采取有效措施进行直接灭火。

　　A. 天气状况　　　B. 火灾程度　　　C. 灾区通风　　　　D. 瓦斯情况

10. 处理矿井火灾应当了解下列情况（　　　）。

　　A. 人员数量　　　　　　　　　　　B. 巷道围岩、支护情况

　　C. 灾区供电状况　　　　　　　　　D. 天气状况

11. 采煤工作面采空区采用惰性气体防火时，释放口的位置应当根据（　　　）确定，释放口应当保持在采空区的氧化带内。

　　A. 采空区自然发火"三带"分布规律

　　B. 惰性气体的扩散半径

　　C. 工作面参数

　　D. 惰性气体的类型

12. 启封已熄灭的火区前，启封计划和安全措施应当包括下列内容（　　　）。

　　A. 矿井人员配备情况

B. 火区侦查顺序与防火墙启封顺序

C. 与火区启封相关的图纸

D. 启封时防止人员中毒、防止火区复燃和防止爆炸的通风安全措施

13. 井上、下必须设置消防材料库，并符合下列要求（　　　）。

  A. 井下消防材料库应当设在每一个生产水平的井底车场或者主要运输大巷中，并装备消防车辆

  B. 井上消防材料库人员取放与挪用一定数量的材料需向上级报备

  C. 井上消防材料库应当设在井口附近，但不得设在井口房内

  D. 消防材料库应当储存足够的消防材料和工具，其品种和数量应当满足矿井消防需要，并定期检查和更换。消防材料和工具不得挪作他用

14. 采用均压技术调压时，应当符合下列要求（　　　）。

  A. 有相互影响的多煤层同时开采时，应当一并采取相应的均压措施

  B. 在煤层冒顶处的下方和破碎带内，不得设置调压设施

  C. 采用层间调压时，不控制层间压差

  D. 开采地表严重漏风的煤层时，应当先堵漏，再采用调压措施均压

15. 开采容易自燃和自燃煤层的矿井，应当建立监测结果台账，安排专人及时分析防火数据，发现异常变化应当立即汇报，由煤矿总工程师或者安全矿长或者通风副总工程师组织人员进行分析，并加大监测频次，采取相应措施（　　　）。

  A. 通风副总工程师   B. 生产矿长

  C. 安全矿长   D. 煤矿总工程师

16. 煤矿应当综合考虑防火区域地质条件、（　　　）等因素，根据防火需求选择适用的防灭火材料，确定其工艺参数，鼓励使用安全环保的新型防火材料。

  A. 采动影响   B. 人员变动   C. 煤质特征   D. 天气变化

17. 露天煤矿应当对开采煤层（　　　）进行鉴定。

  A. 植被覆盖程度   B. 自燃倾向性

  C. 岩土力学性质   D. 采空区的危险性

18. 抢救人员和灭火过程中，必须指定专人检查甲烷、一氧化碳、煤尘以及其他有害气体（　　　）的变化，并采取防止瓦斯、煤尘爆炸和人员中毒的安全措施。

  A. 风向   B. 风速   C. 风量   D. 浓度

19. 封闭具有爆炸危险的火区时，应当遵守下列规定（　　　）。

  A. 发现已封闭火区发生爆炸造成密闭墙破坏时，严禁调派救护队近距离侦

察或者恢复密闭墙

    B. 注入惰性气体等抑爆措施，然后在安全位置构筑进、回风密闭

    C. 封闭过程中，密闭墙完全封闭通风孔

    D. 注入惰性气体进行抑爆措施前，应当预留一部分作业人员于爆炸威胁区域进行观察

20. 火区具备一定条件时，方可认为火已熄灭，以下错误的是（   ）。

    A. 火区内空气中不含有乙烯、乙炔，一氧化碳浓度在封闭期间内逐渐下降，并稳定在 0.1% 以下

    B. 火区内的空气温度下降到 30 ℃ 以下，或者与火灾发生前该区的日常空气温度相同

    C. 火区的出水温度低于 55 ℃，或者与火灾发生前该区的日常出水温度相同

    D. 火区内空气中的氧气浓度降到 5.0% 以下

21. 鼓励煤矿企业、煤矿和科研单位开展煤矿火灾防治科技攻关，研发、推广（   ），提高煤矿火灾防治能力和智能化水平。

    A. 新装备   B. 新工艺   C. 新材料   D. 新规范

22. 井下严格实行明火管制，不符合规定的是（   ）。

    A. 井下爆破作业时，应当按照矿井瓦斯等级选用煤矿许用炸药和雷管，并严格按施工工艺进行爆破

    B. 井下需使用灯泡取暖和使用电炉

    C. 可以在采掘工作面进行电焊、气割等动火作业

    D. 井口和井下电气设备必须装设防雷击和防短路的保护装置

23. 矿井防灭火使用的凝胶、阻化剂及进行充填、堵漏、加固用的高分子材料，应对其（   ）进行评估，并制定安全监测制度和防范措施。使用时，井巷空气成分必须符合规程要求。

    A. 黏性   B. 经济效应   C. 安全性   D. 环保性

24. 如果必须在井下主要硐室、主要进风井巷和井口房内进行电焊、气焊和喷灯焊接等工作，下列规定错误的是（   ）。

    A. 在井口房、井筒和倾斜巷道内进行电焊、气焊和喷灯焊接等工作时，必须在工作地点的下方用燃性材料设施接受火星

    B. 在主要进风巷动火作业时，必须撤出回风侧所有人员

    C. 指定专人在场检查和监督

    D. 严禁不具备资质条件的电焊（气割）工入井动火作业

25. 地面矸石山自燃火灾处置，应当遵守下列规定（   ）。

A. 灭火过程中应当制定防止爆炸措施

B. 采用整体搬迁、局部剥挖、蓄水渗灌、钻孔注浆方法进行灭火降温

C. 采用物探或者钻探方式，分析矸石山火区分布范围

D. 灭火完成后，应当对矸石山进行封堵覆盖

26. 火区启封后应当进行启封总结，编写启封总结报告。启封总结报告应当包括下列内容（　　　）。

A. 火区火源位置及发火原因分析

B. 责任报告书

C. 启封经过

D. 经验与教训

27. 采用凝胶防火时，应当编制设计并遵守下列规定（　　　）。

A. 选用的凝胶材料不得污染井下空气和危害人体健康

B. 使用含铵盐促凝剂凝胶材料

C. 选用的凝胶材料，应当明确规定凝胶的配比、促凝时间、压注量等技术参数

D. 煤巷高冒区、局部有自燃危险煤柱裂隙和空洞等地点采用凝胶防火时，压注的凝胶必须充填满全部空间

28. 火区管理卡片应当包括下列内容（　　　）。

A. 火区基本情况登记表

B. 火灾事故报告表

C. 火区灌注灭火材料记录表

D. 防火墙观测记录表

29. 开采容易自燃和自燃煤层时，必须制定防治（　　　）自然发火的技术措施。

A. 采空区　　　　B. 煤柱破坏区　　　C. 巷道高冒区　　　D. 掘进区

30. 矿井防灭火使用的凝胶、阻化剂及进行充填、堵漏、加固用的高分子材料，应对其（　　　）进行评估，并制定安全监测制度和防范措施。使用时，井巷空气成分必须符合规程要求。

A. 黏性　　　　　B. 经济效应　　　　C. 安全性　　　　D. 环保性

31. 如果必须在井下主要硐室、主要进风井巷和井口房内进行电焊、气焊和喷灯焊接等工作，下列规定错误的是（　　　）。

A. 在井口房、井筒和倾斜巷道内进行电焊、气焊和喷灯焊接等工作时，必须在工作地点的下方用燃性材料设施接受火星

B. 在主要进风巷动火作业时，必须撤出回风侧所有人员

C. 指定专人在场检查和监督

D. 严禁不具备资质条件的电焊（气割）工人井动火作业

32. 密闭按服务期限可分为临时密闭和永久密闭，采用密闭防火时，永久密闭应当留设（　　　）。

A. 温测孔　　　　B. 措施孔　　　　C. 措施孔　　　　D. 放水孔

三、判断题

1. 保证密闭施工安全和工程质量，提高密闭防火效果。煤巷施工永久密闭必须掏槽，岩巷施工永久密闭可不掏槽，但必须将松动岩体刨除坚硬岩体。（　　　）

2. 阻化剂防火可采用喷洒阻化剂、压注阻化剂和汽雾阻化剂等工艺，采用阻化剂防火时，选用的阻化剂材料不得污染井下空气和危害人体健康。（　　　）

3. 封闭火区时，应当分别封闭各条进回风通道，包括具有多条进回风通道的火区。（　　　）

4. 需定期检测注浆防火区域采空区的出水温度和气体成分变化情况，并建立注浆防火区域管理台账。（　　　）

5. 采用密闭防火时，必须分析掌握自然发火隐患区域，查明隐患区域的漏风分布、流向和漏风通道及其连通性，确定合理的封闭范围和密闭数量。（　　　）

6. 阻化剂防火可采用喷洒阻化剂、压注阻化剂和气雾阻化剂等工艺，采用阻化剂防火时，无须在设计中对阻化剂的阻化效果作出明确规定。（　　　）

7. 火区封闭后，应当积极采取均压、堵漏、注浆、注惰性气体等灭火措施，加速火区熄灭进程。（　　　）

8. 露天煤矿带式输送机在转载点和机头处应当设置消防设施。（　　　）

9. 煤矿企业、煤矿必须对从业人员进行防灭火教育和培训，定期对防灭火专业技术人员煤矿必须绘制火区位置关系图，注明所有火区和曾经发火的地点。（　　　）

10. 遇存在塌陷或者自燃危险的采空区时，必须停止作业，影响范围内所有人员及作业设备撤至安全地点，及时汇报，立即采取有效措施处理。待危险解除后，方可恢复作业。（　　　）

11. 煤矿应当对自然发火监测系统、安全监控系统和人工检查结果进行综合分析，实现井下火情早发现、早处置。（　　　）

12. 开采容易自燃和自燃煤层的矿井，必须编制矿井防灭火专项设计，采取综合预防煤层自然发火的措施。（　　　）

13. 移动式空气压缩机必须设置在 2 个独立硐室内，并保证独立通风；固定式空气压缩机和储气罐必须设置在采用不燃性材料支护且具有新鲜风流的巷道中。（　　）

14. 启封火区时，发现有复燃现象必须立即停止启封，重新封闭。（　　）

15. 每隔 2 个密闭墙附近必须设置栅栏、警示标志，禁止人员入内，并悬挂说明牌。（　　）

16. 煤矿企业、煤矿必须保证火灾防治费用投入，满足煤矿防灭火工作需要。（　　）

17. 采场最终边坡煤台阶必须采取防止煤自然发火的措施。（　　）

18. 装有带式输送机的井筒兼作进风井时，井筒中可选择装设自动报警或自动灭火装置，但必须敷设消防管路。（　　）

19. 采煤工作面必须至少设置 1 个一氧化碳传感器，地点可设置在回风隅角、工作面或者工作面回风巷。（　　）

20. 压风机应当设置温度传感器，温度超限时，自动声光报警，并链接压风机电源。（　　）

21. 注浆材料不可选择矸石、粉煤灰、尾矿、胶体材料等。（　　）

22. 在煤层冒顶处的下方和破碎带内，可以设置调压设施。（　　）

23. 新建矿井或者改扩建矿井应当将平均厚度为 0.3 m 以上煤层的自燃倾向性鉴定结果报市级煤炭行业管理部门、煤矿安全监管部门和矿山安全监察机构。（　　）

24. 安全性和环保性的评估工作应当由具备评估检测能力的机构承担，矿井须对评估检测结果负责。（　　）

25. 煤矿企业（煤矿）应当配备成套气体分析化验设备。仪器仪表不定期由具备能力的机构检定。（　　）

26. 采用注浆防火时，应当有注浆前防止溃浆、透水和注浆后疏水的措施。（　　）

27. 采用惰性气体防火时，必须对工作面回风隅角氧气浓度进行监测。（　　）

28. 为保证惰性气体防火效果，应当采取堵漏措施，增加防火区域漏风量。（　　）

29. 开采容易自燃和自燃煤层的矿井，必须建立注浆系统或者注惰性气体防火系统，并建立煤矿自然发火监测系统。（　　）

30. 容易自燃煤层可以采用水力采煤法。（　　）

31. 井下和井口房内不得进行电焊、气焊和喷灯焊接等作业。（　　）

32. 井下所有永久性密闭墙无须编号与标注，可直接废弃。（　　　）

33. 开采容易自燃和自燃煤层的矿井，必须确定煤层自然发火标志气体及临界值。（　　　）

34. 采用均压技术调压时，与均压区并联的巷道中，不得设置调压风墙和调压风门。（　　　）

35. 处理进风井井口、井筒、井底车场、主要进风巷和硐室火灾时，应当进行全矿井反风。（　　　）

36. 煤矿应当遵循灾害协同防治的原则，综合考虑多种灾害因素影响，选择合理的开拓布置、矿井通风方式、采煤方法及工艺、巷道支护方式等。（　　　）

37. 开采容易自燃和自燃煤层时，同一煤层应当至少测定 2 次采煤工作面采空区自然发火"三带"分布范围。（　　　）

38. 新建井筒的永久井架和井口房、以井口为中心的联合建筑，可以采用燃性材料建筑。（　　　）

39. 带式输送机必须装设防打滑、跑偏、堆煤、撕裂等保护装置，同时应当装设温度、烟雾监测装置和自动洒水装置，宜设置具有实时监测功能的自动灭火系统。（　　　）

40. 在注浆区下部进行采掘前，必须查明注浆区内的浆水积存情况。（　　　）

41. 井下生产集中、惰性气体需求量较大时，可选择井下移动式制氮装置或者液氮、液态二氧化碳小型储液罐及附属装置。（　　　）

42. 密闭位置应当选择在动压影响大、围岩稳定、断面崎岖的巷道内。（　　　）

43. 每一处火区都要按形成的先后顺序进行编号，并建立火区管理卡片。火区位置关系图和火区管理卡片需要定期更换。（　　　）

44. 启封火区时，应当采用锁风启封方法逐段恢复通风，当火区范围较小、确认火源已熄灭时，可采用通风启封方法。（　　　）

45. 进行培训，提高其防灭火工作技能和有效处置火灾的应急能力。（　　　）

参 考 答 案

一、单选题

1-5 AABCB   6-10 CAABC   11-15 BAACC   16-20 AAABB

21-25 ACABB   26-30 ACCBA   31-35 CBAAB   36-40 AACBA

41-45 BCBCA   46-50 AAAAB   51-55 CACBB   56-60 CCABB

61-65 BABAC   66-70 BBBBB   71-75 ACBAB

二、多选题

1. ABD   2. ABC   3. AD   4. ABCD   5. ABC   6. ABD

7. CD   8. ABC   9. BCD   10. BC   11. ABC   12. BCD

13. ACD   14. ABD   15. ACD   16. AC   17. BD   18. ABD

19. AB   20. AC   21. ABC   22. BD   23. CD   24. BCD

25. ABCD   26. ACD   27. ACD   28. ABCD   29. ABC   30. CD

31. BCD   32. BCD

三、判断题

1-5 √√×√√   6-10 ×√√√√   11-15 √√×√×

16-20 √√×√×   21-25 ×××××   26-30 ×√×√×

31-35 √×√√√   36-40 √××√√   41-45 ×××√√

第六部分
安全生产政策文件
考核题库

一、单选题

1. 2013 年 6 月 6 日，习近平总书记就做好安全生产工作作出重要指示：要始终把（　　）放在首位。
   A. 人民生命安全　　　　　　　B. 风险防控　　　　　　C. 隐患排查

2. 2014 年 12 月 14 日，习近平总书记在江苏考察时对安全生产工作作出重要指示：安全生产风险并不随着经济发展水平提高而自然降低。只要是工作不到位，早晚要出事。安全生产，任何时候都忽视不得，麻痹不得、侥幸不得。要总结和吸取这方面的惨痛教训，严格落实责任，下决心消除（　　）死角。
   A. 风险　　　　　　　　　　　B. 隐患　　　　　　　　C. 事故

3. 2015 年 12 月 24 日，习近平总书记在十八届中央政治局常委会第 127 次会议上关于安全生产工作重要讲话指出：必须坚决遏制（　　）频发势头。
   A. 重特大事故　　　　　　　B. 特别重大事故　　　　C. 较大以上事故

4. 2015 年 12 月 24 日，习近平总书记在十八届中央政治局常委会第 127 次会议上关于安全生产工作重要讲话指出：采取（　　）工作机制，推动安全生产关口前移。
   A. 风险分级管控、隐患排查治理双重预防
   B. 风险分级管控
   C. 隐患排查治理

5. 2015 年 12 月 24 日，习近平总书记在十八届中央政治局常委会第 127 次会议上关于安全生产工作重要讲话指出：要加强（　　）工作，最大限度减少人员伤亡和财产损失。
   A. 隐患排查　　　　　　　　　B. 应急救援　　　　　　C. 风险管控

6. 2016 年 7 月 14 日，习近平总书记在中共中央政治局常委会会议上发表重要讲话指出：安全生产是民生大事，一丝一毫不能放松，要以对人民极端负责的精神抓好安全生产工作，站在人民群众的角度想问题，把（　　）当成事故来对待。
   A. 重大风险隐患　　　　　　B. 重大隐患　　　　　　C. 重大风险

7. 2016 年 7 月 14 日，习近平总书记在中共中央政治局常委会会议上发表重要讲话指出：正确处理安全和发展的关系，坚持发展决不能以牺牲（　　）为代价这条红线。
   A. 经济　　　　　　　　　　　B. 安全　　　　　　　　C. 生产

8. 2016 年 7 月 14 日，习近平总书记在中共中央政治局常委会会议上发表重要讲

话指出：要把（   ）作为安全生产整体工作的"牛鼻子"来抓，在煤矿、危化品、道路运输等方面抓紧规划实施一批生命防护工程，积极研发应用一批先进安防技术，切实提高安全发展水平。

    A. 遏制重特大事故　　　　　　B. 隐患排查治理　　　　　C. 风险分级管控

9. 2019 年 11 月，习近平总书记在中央政治局第十九次集体学习时作出重要指示，要健全（   ）机制，坚持从源头上防范化解重大安全风险，真正把问题解决在萌芽之时、成灾之前。

    A. 风险分级管控　　　　　　　B. 隐患排查治理　　　　　C. 风险防范化解

10. 2021 年 6 月，习近平总书记在青海考察时强调，要坚持总体国家安全观，坚持底线思维，坚决维护国家安全。要毫不放松抓好常态化疫情防控，有效（   ），推动扫黑除恶常态化，深化政法队伍教育整顿，保持社会大局和谐稳定。

    A. 遏制重特大安全生产事故

    B. 防范重特大安全生产事故

    C. 防范和遏制重特大安全生产事故

11. 《中共中央国务院关于推进安全生产领域改革发展的意见》指出，推进安全生产领域改革发展，应以防范遏制（   ）为重点。

    A. 重特大生产安全事故　　　B. 重大安全风险　　　　　C. 重大事故隐患

12. 《中共中央国务院关于推进安全生产领域改革发展的意见》指出，推进安全生产领域改革发展，要着力强化（   ）主体责任。

    A. 安全生产监督管理部门　　B. 政府　　　　　　　　　C. 企业

13. 《中共中央国务院关于推进安全生产领域改革发展的意见》指出，推进安全生产领域改革发展的基本原则是要坚持安全发展、坚持改革创新、坚持依法监管、坚持（   ）、坚持系统治理。

    A. 源头治理　　　　　　　　　B. 安全准入　　　　　　　C. 源头防范

14. 《中共中央国务院关于推进安全生产领域改革发展的意见》指出，要正确处理安全与发展的关系，大力实施（   ）发展战略，为经济社会发展提供强有力的安全保障。

    A. 安全　　　　　　　　　　　B. 可持续　　　　　　　　C. 和谐

15. 《中共中央国务院关于推进安全生产领域改革发展的意见》指出，坚持源头防范，构建（   ）工作机制，严防风险演变、隐患升级导致生产安全事故发生。

    A. 重大危险源辨识

B. 风险防控

C. 风险分级管控和隐患排查治理双重预防

16. 根据《中共中央国务院关于推进安全生产领域改革发展的意见》，煤矿企业对本单位安全生产和（　　）工作负全面责任。

A. 事故处理　　　　　　　B. 隐患排查　　　　　　　C. 职业健康

17. 根据《中共中央国务院关于推进安全生产领域改革发展的意见》要求，煤矿企业要严格履行安全生产（　　）责任，建立健全自我约束、持续改进的内生机制。

A. 主体　　　　　　　　　B. 法定　　　　　　　　　C. 主要负责人

18. 根据《中共中央国务院关于推进安全生产领域改革发展的意见》要求，煤矿企业应建立全过程安全生产和职业健康管理制度，做到安全（　　）和应急救援"五到位"。

A. 责任、管理、投入、培训

B. 责任、技术、投入、培训

C. 责任、管理、技术、培训

19. 根据《中共中央国务院关于推进安全生产领域改革发展的意见》要求，（　　）要发挥安全生产工作示范带头作用，自觉接受属地监管。

A. 中央企业　　　　　　　B. 国有企业　　　　　　　C. 地方企业

20. 根据《中共中央国务院关于推进安全生产领域改革发展的意见》要求，煤矿企业要建立（　　）与履职评定、职务晋升、奖励惩处挂钩制度。

A. 有无安全生产责任事故　B. 年度绩效考核　　　　　C. 安全生产绩效

21. 根据《中共中央国务院关于推进安全生产领域改革发展的意见》要求，应当建立煤矿企业生产经营（　　）安全责任追溯制度。

A. 关键环节　　　　　　　B. 关键时段　　　　　　　C. 全过程

22. 《中共中央国务院关于推进安全生产领域改革发展的意见》指出，对被追究刑事责任的生产经营者依法实施相应的（　　）。

A. 职业禁入　　　　　　　B. 行政处罚　　　　　　　C. 罚款

23. 根据《中共中央国务院关于推进安全生产领域改革发展的意见》要求，煤矿企业应树立（　　）就是事故的观念。

A. 风险　　　　　　　　　B. 隐患　　　　　　　　　C. 违章

二、多选题

1. 2013 年 6 月 6 日，习近平总书记就做好安全生产工作作出重要指示：要以对党和人民高度负责的精神，（   ）、严格监管，把安全生产责任制落到实处。

    A. 完善制度   B. 排查隐患   C. 强化责任   D. 加强管理

2. 2016 年 7 月 14 日，习近平总书记在中共中央政治局常委会会议上发表重要讲话指出：要以对人民极端负责的精神抓好安全生产工作，（   ）、严格监管，让人民群众安心放心。

    A. 守土有责   B. 敢于担当   C. 完善体制   D. 加强督查

3. 2016 年 10 月 31 日，习近平总书记对全国安全生产工作作出重要指示：坚持（   ），严格落实安全生产责任制，完善安全监管体制，强化依法治理，不断提高全社会安全生产水平，更好维护广大人民群众生命财产安全。

    A. 党政同责   B. 一岗双责   C. 齐抓共管   D. 失职追责

4. 2017 年 2 月，习近平总书记主持召开国家安全工作座谈会强调，要加强（   ）等重点领域安全生产治理，遏制重特大事故的发生。

    A. 消防   B. 煤矿   C. 危险化学品   D. 交通运输

5. 探放水"三专"要求是指（   ）。

    A. 专用技术   B. 专业人员   C. 专用设备   D. 专门队伍

6. 《中共中央国务院关于推进安全生产领域改革发展的意见》指出，明确部门监管责任，按照（   ）的原则，明确各有关部门安全生产和职业健康工作职责。

    A. 管行业必须管安全

    B. 管业务必须管安全

    C. 管生产经营必须管安全

    D. 谁主管谁负责

7. 《中共中央国务院关于推进安全生产领域改革发展的意见》指出，（   ）同为安全生产第一责任人。

    A. 法定代表人   B. 总经理   C. 董事长   D. 实际控制人

8. 《中共中央国务院关于推进安全生产领域改革发展的意见》指出，对（   ）事故的单位和个人依法依规追责。

    A. 瞒报   B. 谎报   C. 漏报   D. 迟报

三、判断题

1. 2013 年 6 月 6 日，习近平总书记就做好安全生产工作作出重要指示：要把安全生产责任制落到实处，切实防范重特大安全生产事故的发生。（   ）

2. 2013 年 7 月 18 日，习近平总书记就做好安全生产工作作出重要指示：对责任

单位和责任人要打到疼处、痛处，让他们真正痛定思痛、痛改前非，有效防
止悲剧重演。（　　　）

3. 2013 年 7 月 18 日，习近平总书记就做好安全生产工作作出重要指示：造成重
大损失，如果责任人照样拿高薪，拿高额奖金，还分红，那是不合理
的。（　　　）

4. 2015 年 2 月 13 日至 16 日，习近平总书记在陕西省视察期间对安全生产工作
作出重要指示：有事都是从没事中来的，各级领导干部要防患于未然，宁防
十次空，不放一次松。（　　　）

5. 2015 年 6 月 16 日至 18 日，习近平总书记在贵州省调研时对安全生产工作作
出重要指示：要高度重视公共安全工作，牢记公共安全是最基本的民生的道
理，着力堵塞漏洞、消除隐患，着力抓重点、抓关键、抓薄弱环节，不断提
高公共安全水平。（　　　）

6. 2015 年 12 月 24 日，习近平总书记在十八届中央政治局常委会第 127 次会议
上关于安全生产工作重要讲话指出：重特大突发事件，不论是自然灾害还是
责任事故，其中都不同程序存在主体责任不落实、隐患排查治理不彻底、安
全基础薄弱、应急救援能力不强等问题。（　　　）

7. 2019 年 11 月，习近平总书记在中央政治局第十九次集体学习时作出重要指
示，各级党委和政府要切实担负起"促一方发展、保一方平安"的政治责任，
严格落实责任制。（　　　）

8. 2020 年 4 月，习近平总书记对安全生产作出重要指示时强调，生命重于泰山，
各级党委和政务必把安全生产摆到重要位置，树牢安全发展理念，绝不能
只重发展不顾安全，更不能将其视作无关痛痒的事，搞形式主义、官僚主
义。（　　　）

9. 树立安全发展理念，弘扬生命至上、安全第一的思想，健全公共安全体系，
完善安全生产责任制，坚决遏制重特大安全事故，提升防灾减灾救灾能
力。（　　　）

10. 根据《中共中央国务院关于推进安全生产领域改革发展的意见》要求，煤矿
企业应实行领导班子成员安全生产责任制度。（　　　）

11. 根据《中共中央国务院关于推进安全生产领域改革发展的意见》要求，煤矿
企业主要负责人负有安全生产技术决策权，主要技术负责人负有安全生产技
术指挥权。（　　　）

12. 根据《中共中央国务院关于推进安全生产领域改革发展的意见》要求，煤矿
企业应强化部门安全生产职责，落实一岗双责。（　　　）

13. 根据《中共中央国务院关于推进安全生产领域改革发展的意见》要求，煤矿企业要严格落实安全生产"一票否决"制度。（　　）

14. 《中共中央国务院关于推进安全生产领域改革发展的意见》指出，严格事故逐级上报制度。（　　）

15. 根据《中共中央国务院关于推进安全生产领域改革发展的意见》要求，煤矿企业必须严格执行国家强制性安全生产标准，不得自行制定安全生产标准。（　　）

参 考 答 案

一、单选题

1-5 ABAAB   6-10 ABACA   11-15 ACCAC   16-20 CBABC

21-23 CAB

二、多选题

1. ACD   2. ABC   3. ABCD   4. ACD   5. BCD   6. ABCD

7. AD   8. ABCD

三、判断题

1-5 √√√√√   6-10 √√√√×   11-15 ×√√××